AF564158

LES NOMS
DES OISEAUX

EXPLIQUÉS PAR LEURS MŒURS

OU

ESSAIS ÉTYMOLOGIQUES SUR L'ORNITHOLOGIE

(SUITE)

PAR

L'abbé VINCELOT

CHANOINE HONORAIRE, AUMÔNIER DU PENSIONNAT SAINT-JULIEN,
MEMBRE TITULAIRE DE LA SOCIÉTÉ LINNÉENNE DE MAINE-ET-LOIRE,
ET DE LA SOCIÉTÉ PROTECTRICE DES ANIMAUX.

Extrait des Annales de la Société Linnéenne de Maine-et-Loire, année 1869

ANGERS
IMPRIMERIE P. LACHÈSE, BELLEUVRE ET DOLBEAU
Chaussée Saint-Pierre, 13

1869

DU MÊME AUTEUR :

Les Noms des Oiseaux expliqués par leurs mœurs ou **Essais étymologiques sur l'Ornithologie.** — Un volume in-8° de 544 pages, orné de gravures. — Troisième édition. — Prix : 5 francs.

Réhabilitation du Pic-Vert ou **Réponse aux observations d'un propriétaire sur l'utilité du Pic.** — Troisième édition. — Prix : 1 fr. 50 c.

CES OUVRAGES SE VENDENT AU BÉNÉFICE DE PETITS ORPHELINS

LES NOMS DES OISEAUX

EXPLIQUÉS PAR LEURS MŒURS

OU

ESSAIS ÉTYMOLOGIQUES SUR L'ORNITHOLOGIE

(Suite).

LES NOMS
DES OISEAUX

EXPLIQUÉS PAR LEURS MŒURS

OU

ESSAIS ÉTYMOLOGIQUES SUR L'ORNITHOLOGIE

(SUITE)

PAR

L'abbé VINCELOT

CHANOINE HONORAIRE, AUMÔNIER DU PENSIONNAT SAINT-JULIEN,
MEMBRE TITULAIRE DE LA SOCIÉTÉ LINNÉENNE DE MAINE-ET-LOIRE,
ET DE LA SOCIÉTÉ PROTECTRICE DES ANIMAUX.

Extrait des Annales de la Société Linnéenne de Maine-et-Loire, année 1869

ANGERS

IMPRIMERIE P. LACHÈSE, BELLEUVRE ET DOLBEAU

Chaussée Saint-Pierre, 13

1869

LES NOMS DES OISEAUX

EXPLIQUÉS PAR LEURS MŒURS

OU

ESSAIS ÉTYMOLOGIQUES SUR L'ORNITHOLOGIE

(Suite).

SIXIÈME ORDRE.

GRALLÆ, GRALLATORES. — LES ÉCHASSIERS.

Messieurs,

Après plus de vingt-cinq années de recherches et d'observations persévérantes, j'avais livré à mes lecteurs la troisième édition des *Noms des oiseaux expliqués par leurs mœurs*, et je pensais pouvoir parcourir les deux derniers Ordres qui terminent la Faune de Maine-et-Loire, lorsque la lutte engagée en faveur du pic-vert vint absorber toute mon énergie et réclamer tous mes loisirs. Aujourd'hui que le plus fort de la mêlée est passé, je reprends en toute tranquillité mes études favorites, et je me lance de nouveau, non pas sans de graves préoccupations, dans l'effroyable labyrinthe des étymologies. Si, du moins, je pouvais retrouver le fil d'Ariane, ce serait m'éviter bien des efforts pénibles et me délivrer de beaucoup d'ennuis.

Donc, sans aucun autre préambule, je commence mon travail, en me demandant quelle est l'étymologie de *grallatores*, et celle d'*échassiers*.

Le mot *grallatores* a pour racine évidente *gralla*, signifiant « échasses. »

Dès lors, la question reste entièrement la même qu'auparavant : quel est le primitif de *gralla ? Gralla* , selon Ménage, a été fait de *grada, gradilla, a gradiendo*. Je laisse volontiers à Ménage la paternité de cette étymologie qui indiquerait ou que les oiseaux désignés par cette expression semblent être montés, perchés sur « des degrés, » ou qu'ils doivent cette dénomination à leur course « rapide. »

Ces deux interprétations s'harmonisent et avec les formes des échassiers, qui par leurs tarses très-élevés semblent être posés sur des degrés, et avec la course rapide qui est un des priviléges du plus grand nombre des oiseaux de cet Ordre.

Grallatores désignant ceux qui marchent avec des échasses, vient encore corroborer la première des interprétations énoncées précédemment.

En effet, d'après Ménage, le mot *échasses, échassier*, qui en provençal se dit *eschassier*, dérive de l'italien *scalacia*, augmentatif de *scala*, se rattachant lui-même au latin *scala*, « échelle » composée de degrés, d'échelons.

Tous les oiseaux compris dans cet Ordre , excepté la bécasse et le héron blongios, ont les tarses *longs* et *nus*, et semblent par là-même être montés sur des espèces de béquilles nommées *échasses*, petite échelle, parce qu'elles servent à élever ceux qui en usent, et que ces échasses offrent des points d'appui à des hauteurs qui varient selon l'âge et la force de ceux auxquels elles sont destinées.

On appelait aussi *échasses* ou *écasses* les bois qui servaient d'appui aux boiteux et aux estropiés, usage qui rendait assez plausible l'opinion de Ménage dérivant cette expression du verbe grec SKAZEÏN signifiant *boiter, clocher*.

Quoi qu'il en soit de la véritable étymologie du mot *échasse*, il est évident qu'en le prenant dans son acception ordinaire, il peint très-bien la physionomie des oiseaux qui, montés sur des tarses très-hauts et entièrement nus, semblent appuyer leur corps sur de véritables béquilles, ou, pour parler le langage vulgaire, sur des *jambes de bois*. Cette conformation donne à un grand nombre d'oiseaux de l'ordre des Échassiers une physionomie qui, au premier coup d'œil, paraît bizarre. Cependant, loin d'être le résultat d'un caprice du Créateur, elle prouve au contraire et sa souveraine conception et la sollicitude de sa Providence. Les Échassiers, comme tous les êtres de la création, ont une mission à remplir; pour eux elle consiste à visiter les bords des cours d'eau, les vastes prairies marécageuses, les dunes et les rivages de la mer, ainsi que les plaines sablonneuses, et à se nourrir, dans ces différentes localités, de poissons, de reptiles, de grenouilles, de mollusques, d'insectes et de vers de toute espèce.

Dès lors, ces oiseaux contiennent ainsi dans les sages limites fixées par la sagesse de Dieu, une multitude d'êtres qui, par leur trop grande multiplication, pourraient devenir un fléau.

Mais pour accomplir cette mission, il faut que les Échassiers soient montés sur deux tarses longs et dénudés qui leur permettent, comme aux habitants du département des Landes, de courir facilement dans les plaines de sable et sur le gravier des îles et des rivages de la mer, de fouiller toutes les vases marécageuses, et de pénétrer même dans les eaux de l'Océan.

Mais si ces oiseaux montés sur des échasses avaient eu un cou peu développé, ils n'eussent pu accomplir la tâche qui leur est confiée; aussi, Dieu leur a-t-il donné un cou en rapport avec la longueur de leurs tarses, et qui leur permet de rester debout et cependant d'atteindre les reptiles et les insectes cachés au fond des eaux, ou dans les vases et dans les sables humides de la mer; de plus, ces oiseaux ont une queue très-courte et presque insensible, car si cette queue était aussi développée que celle des autres oiseaux, elle gênerait et leur vol et le mouvement continuel de leur cou. Pour accomplir leurs migrations, les Échassiers se réunissent en grand nombre, les jeunes avec les jeunes et les vieux avec les vieux; tous ils poussent un petit cri de rappel répété par la bande entière, et dans leur vol ils allongent le cou en avant et les pieds en arrière pour que ceux-ci puissent servir de contrepoids.

A certaines époques de l'année, les Échassiers arrivent par bandes innombrables sur les bords de la mer, où deux fois par jour la marée leur apporte un approvisionnement abondant.

Presque tous sont semi-nocturnes; leur plumage, généralement sombre, offre peu de variétés, il est soumis chaque année à deux mues.

La plupart de ces oiseaux ne peuvent ni nager, ni plonger, ils se tiennent dans les endroits guéables. Leur voix triste, aigre et désagréable, prouve qu'ils ne sont pas destinés à vivre dans le voisinage des hommes ni à l'embellir.

Un certain nombre d'espèces de l'ordre des Échassiers nichent à terre, sur le sable, sans aucun nid; ces espèces sont polygames, et les petits en naissant peuvent se suffire à eux-mêmes. Les espèces qui nichent dans les arbres, sur les cheminées, etc., sont monogames, et les petits réclament les soins de leurs parents.

Les Échassiers ont trois ou quatre doigts libres ou réunis par une peau membraneuse à leur base, mais très-rarement palmés ou lobés. Tous ces oiseaux courent beaucoup plus qu'ils ne volent, et ceux qui habitent les bords de la mer ont besoin d'un déplacement continuel, à cause des flots qui découvrent et recouvrent incessamment les plages pour leur servir à toutes les heures de splendides festins.

Les Échassiers dorment debout, appuyés sur une seule patte, la tête rentrée dans les épaules, sinon couchée sous l'aile, et le bec dans le vent. La *Revue britannique* de 1850 constate que ces oiseaux ont une habitude très-remarquable, celle de voler contre le vent; s'il les amène à leur remise, ils la dépassent d'abord, puis se retournent et rentrent dans le rumb avant de se poser.

La chair des Échassiers est généralement noire, et celle des espèces qui se nourrissent de vers est très-délicate.

C'est à cet *Ordre* si nombreux qu'appartient un oiseau récemment décrit et étudié, le *baleniceps*, que Dieu a placé sur les bords du

Sénégal, où il s'oppose à la trop grande multiplication d'un terrible amphibie, en sciant en deux, d'un seul coup de bec, les jeunes crocodiles.

PREMIÈRE FAMILLE. — LES PRESSIROSTRES.

Le nom donné à la première famille des Échassiers indique quel est le signe caractéristique qui distingue les oiseaux groupés sous cette dénomination, *pressum*, « pressé, » et *rostrum*, « bec, » oiseau à « bec court et comprimé. »

OUTARDE BARBUE. — OTIS TARDA.

L'*outarde barbue* est assurément un des plus beaux oiseaux de l'Europe. Malheureusement la chasse persévérante qu'on lui fait en Crimée, où cette espèce est très-répandue, la rend de plus en plus rare. Quand les rigueurs de l'hiver se font sentir sur les bords de la mer Noire, les habitants de ces contrées poursuivent à outrance les outardes qui sont très-sensibles au froid, et tuent à coups de bâton ces oiseaux à moitié engourdis par les étreintes de la gelée. La chair de l'outarde est très-délicate, et Niphus, cité par Buffon (édit. in-4°, vol. II, p. 14), prétend qu'on lui donna l'épithète *tarda,* « tardive, » parce que les Romains, qui étaient très-gastronomes, regrettaient d'avoir connu trop tardivement cet excellent gibier. D'après Aldrovande (*Ornith.*, pag. 95), Hippocrate interdisait la chair de l'outarde barbue aux personnes qui tombaient du mal caduc ! Il est beaucoup plus probable que *tarda* doit être pris dans le sens de *lourde, pesante ;* l'outarde barbue pèse effectivement de quatorze à seize kilogrammes. Aussi court-elle beaucoup plus qu'elle ne vole.

C'est pour cela que Papias a dit : « *Avis tarda eo quod gravis volatu sit :* oiseau pesant parce qu'elle est trop lourde pour le vol. »

Albert-le-Grand la nomme *bistarda*, parce qu'il prétend que l'outarde fait « deux » sauts avant de s'envoler. Ce qui est certain, c'est que cet échassier a beaucoup de peine à s'envoler, et qu'il court assez longtemps les ailes ouvertes avant de prendre son essor ; c'est à ce moment que les habitants de la Crimée peuvent atteindre les outardes à la course et les tuer à coups de bâton, surtout lorsque cette difficulté de s'envoler est augmentée par le froid d'un hiver rigoureux.

Il paraît que Rabelais partageait cette opinion, car voici ce qu'on lit dans le liv. II, chap. XXVIII : « Carpalim pour satisfaire l'appétit de Pantagruel et celui de ses compagnons qui s'ennuyaient de manger de la chair salée, se livra à l'exercice de la chasse pour leur procurer de la venaison « et en courant prins *de ses mains* en l'aer quatre grandes *otardes.* »

Selon un grand nombre de naturalistes, *outarde* serait un composé d'*avis tarda,* « oiseau lourd, pesant, gras. » Cette dernière hypothèse est inattaquable, car dans le moyen âge, *avis* se transformait en *aus*, puis en *ous ;* d'où *avis tarda*, « aus tarde, ous tarde. » Le cardinal du Perron prétend que ce mot vient de *oye, tarde,* « oie grasse, » car on disait autrefois *oue* pour *oyé*, « oie, » témoin la rue aux *oues ;* le mot *oie, oue*, dérive lui-même d'*avis.*

Quant à l'expression latine *otis*, elle trouve son application dans l'adjectif *barbue.* Elle est la traduction exacte du grec ὠτις, ὠτιδος, qui désignait l'outarde dans cette langue, et qui a pour racine évidente ους, ὠτος, « oreille. » Le mot ὠτις servait aussi, dans l'antiquité, à nommer un *coussinet* destiné à garantir les oreilles des lutteurs, des athlètes ; les anciens naturalistes ont-ils pensé que les longues moustaches de l'outarde pouvaient lui rendre le même service ? Je l'ignore, et je me borne à constater le fait, en ajoutant que les Grecs appelaient indifféremment l'outarde ὠτις ou ὠτιδα (*Dictionnaire* de Firmin Didot).

Le mâle a, de chaque côté du bec, une touffe de plumes poilues qui atteignent jusqu'à quatorze et seize centimètres de longueur ; la femelle, qui est toujours beaucoup plus petite que le mâle, porte aussi une espèce de barbe ou de moustache, mais sa barbe est moins longue et moins touffue que celle du mâle, et dépasse rarement cinq à six centimètres. Quelques auteurs prétendent même qu'elle n'en porte pas.

Otis a pour racine ous, ôtos, plur. ôta (oreille, anse d'un vase), parce que l'outarde a des plumes qui ressemblent à des oreilles. D'après Pline, les anciens appelaient cet oiseau *asia*, parce qu'il avait des oreilles longues comme celles des ânes. Henri Etienne et plusieurs auteurs prétendent qu'outarde est formé d'ôtida, accusatif d'ôtis.

L'expression *otis* a fait confondre par un grand nombre d'anciens auteurs, l'outarde, avec le *hibou*, désigné par le mot *otus*, en grec ôtos.

Perrault (*Mémoire pour servir à l'histoire des animaux*, deuxième partie, page 104) impute à Aristote d'avoir avancé que l'otis, en Scythie, ne couve pas ses œufs comme les autres oiseaux, mais qu'il les enveloppe dans une peau de lièvre ou de renard et les cache ensuite au pied d'un arbre, au haut duquel il se perche. » Perrault s'est trompé évidemment, cette assertion d'Aristote s'applique à un oiseau de proie aussi gros que l'outarde, « *magnitudine otidis, hoc est avis tardæ.* » (Aristote, livre IX, chapitre XXXIII.)

L'outarde barbue se plaît dans les terrains maigres, pierreux : là elle se livre à des courses longues et persévérantes. Pour qu'elle pût les accomplir plus facilement, Dieu a armé ses pieds en arrière d'un tubercule calleux qui lui sert de talon et fortifie ses pieds contre le froissement opéré par le gravier et les sables mobiles.

On eût pu donner à cette espèce la même épithète qu'à l'*houbara*, et la désigner avec Lesson, par l'adjectif *eupodatis*, eu « bon, » et pous, podos, « pied. »

De plus, l'outarde est munie d'un réservoir dont l'ouverture est placée sous la langue, et qui peut contenir plusieurs litres d'eau ; c'est ainsi que, comme le chameau du désert, elle porte avec elle ses provisions d'eau, et peut, sans souffrir de la soif, parcourir pendant plusieurs jours de vastes terrains sablonneux.

L'outarde vit d'insectes, de vers, de grenouilles, de crapauds, de lézards et même de petits reptiles, de graines et d'herbes, selon les saisons ; dans les temps rigoureux du froid ou de la neige, elle mange l'écorce des jeunes arbres.

En tout temps elle avale, comme l'autruche, de petites pierres, dont quelques-unes atteignent même la grosseur d'une noix. Certains naturalistes ont soutenu que l'outarde était essentiellement herbivore, et qu'elle ne se nourrissait de petits reptiles et d'insectes que dans certaines circonstances très-rares.

La mère ne fait aucun nid, mais elle prépare un simple trou en creusant le sable avec ses pattes. Klein (*Hist. des animaux*, p. 18) prétend que lorsque la femelle redoute qu'on ne lui enlève ses œufs, elle les prend sous ses ailes et les transporte en lieu sûr. Malheureusement cet auteur a oublié d'expliquer le procédé employé par l'outarde en cette circonstance, procédé que je ne comprends guère. D'autres naturalistes affirment que, dans ce cas, la femelle confie à la large poche de son gosier les œufs qu'elle désire dérober à ses ennemis. Quoi qu'il en soit de cette habitude attribuée à l'outarde barbue, ce qui est certain, c'est que la femelle manifeste une très-grande tendresse et une vigilante sollicitude pour ses petits, et qu'elle les garde près d'elle pendant longtemps pour les protéger et pour les défendre.

C'est alors qu'elle développe encore plus que jamais son caractère défiant et fertile en expédients. M. Jules Ray (*Faune de l'Aube*, p. 83), raconte « qu'un faucheur à Premierfait, poursuivait deux jeunes outardes qui ne pouvaient pas encore voler, quand la mère accourant au secours de ses petits, vint s'élancer contre le faucheur qui, pour se défendre, fut forcé d'avoir recours à sa faulx, avec laquelle il lui trancha le cou. »

Appien (*de Aucupio*, lib. III), assure que l'outarde est tellement sensible, que lorsqu'elle est blessée, même légèrement, elle succombe plutôt sous l'effet de la peur que sous celui du mal !

Les outardes voyagent par petites bandes ; leur vol est très-peu élevé. Dans les hivers très-rigoureux elles traversent notre département.

Il y a quelques années, un de mes anciens élèves chassait sur la commune du Vieil-Baugé, lorsqu'il aperçut une bande d'oiseaux inconnus se diriger de son côté, en rasant dans leur vol pesant les haies servant de clôture aux champs qu'il parcourait; ne pouvant maîtriser le désir de considérer de plus près un spectacle inusité pour lui, il franchit la haie qui le dérobait à la vue de ces oiseaux; mais aussitôt la troupe changea de direction, et l'infortuné chasseur regretta longtemps de n'avoir pas été plus patient et mieux avisé!

Il vint me rendre compte de cet incident et m'exprimer sa surprise. Je le conduisis au Musée, afin qu'il me désignât les oiseaux qu'il avait vus, et sans hésiter il m'indiqua les outardes barbues.

Un des plus beaux mâles de cette espèce se trouve dans le cabinet de mon honorable ami, M. Raoul de Baracé.

La femelle choisit pour élever sa jeune famille les blés, les seigles, les steppes; là elle fait un petit trou en grattant légèrement la terre avec ses pattes, puis elle couche les blés, les herbes dans un espace circulaire de plusieurs mètres de diamètre, espace qui lui est nécessaire pour qu'elle puisse courir quelques pas avant de prendre son essor.

La ponte varie de deux à quatre œufs, dont le grand diamètre varie de $0^m,075$ à $0^m,082$, et le petit, de $0^m,054$ à $0^m,060$.

La couleur est d'un gris olivâtre parsemé de taches irrégulières, d'un brun ou d'un gris plus ou moins foncé. Quelquefois les œufs semblent revêtus de deux couches de même couleur, dont la seconde plus prononcée laisse apercevoir irrégulièrement les teintes de la première; dans ce cas, ils n'ont aucune tache proprement dite. J'en ai reçu un certain nombre dont la coquille offrait des nuances bleuâtres et verdâtres qui s'harmonisaient de manière à se fondre ensemble insensiblement.

Ma petite étude sur l'outarde barbue était rédigée, quand j'ai reçu une lettre de l'un de mes honorables amis, M. Lescuyer, de Saint-

Dizier. Cette lettre contenant des détails précis et de précieux renseignements sur les mœurs et l'alimentation de la grande outarde, je la transcris ici comme témoignage de respectueuse reconnaissance pour le concours bienveillant que m'offre, d'une manière si généreuse, le savant défenseur du héron gris, et comme pouvant servir à élucider la question débattue entre les naturalistes, savoir si cet échassier vit principalement d'insectes ou de plantes.

« Saint-Dizier, 25 janvier 1869.

« Cher Monsieur,

« En 1846, fin de juin, un habitant de Fère-Champenoise, M. Guérault, se promenait dans la plaine de ce pays, quand il aperçut à l'extrémité d'un champ de seigle la tête d'un grand oiseau. Il pressa le pas, courut et se trouva près d'une grande outarde femelle, accompagnée de trois petits qui ne pouvaient encore voler et qui étaient de la grosseur d'un œdicnème criard. Vite il chercha à s'emparer des petits, mais la mère les défendait avec acharnement, se plaçant entre eux et l'agresseur et menaçant ce dernier. Malgré la manœuvre désespérée de cette pauvre mère, M. Guérault parvint à saisir un outardeau ; il le rapporta à sa maison et le donna à son locataire, M. Gérardin, alors percepteur à Fère-Champenoise, et actuellement résidant à Sézanne.

« M. Gérardin crut devoir nourrir cette jeune outarde avec de la graine et lui en offrit de toute espèce. Ses essais ne réussirent point. Dans le principe, comme plus tard, elle refusa généralement les graines qu'on lui présentait. Elle accepta le pain, en mangea et vécut ainsi quelque temps, mais elle dépérissait sensiblement. Un jour se trouvant en liberté dans la cour de la maison, elle aperçut une planche de persil, se précipita dessus et la dévora en un instant.

« Alors on pensa avec raison que l'outarde était herbivore, et l'on substitua aux graines et au pain, des herbes de diverses espèces. Avec ce nouveau genre d'alimentation, l'outarde vécut parfaitement.

« Elle aimait peu la salade, mais beaucoup le chou.

« Devenue adulte elle mangea de tout, même de la viande; seulement elle n'y touchait que lorsqu'elle était cuite et à défaut d'autre chose. Encore en mangeait-elle peu.

« Plusieurs fois elle a renversé le couvercle du pot-au-feu pour y prendre les légumes qui s'y trouvaient. Un jour même elle a enlevé la viande pour saisir les légumes qui se trouvaient en-dessous.

« Elle avalait assez souvent de la craie et quelquefois du charbon, même du charbon chaud qu'elle tirait du feu.

« Elle aimait le sucre.

« Dans le mois d'août 1846, Mlle Gérardin qui la portait dans son tablier, la laissa tomber. L'outarde eut une syncope. On lui donna de l'eau sucrée et elle reprit ses sens au bout de vingt minutes. Pendant trois semaines on lui prodigua des soins. Elle reprit son allure ordinaire et devint très-familière.

« Quoique n'ayant pas les ailes coupées, elle ne quittait pas la maison, et à l'imitation des chiens, elle suivait les grandes personnes et les enfants qui l'habitaient; elle jouait avec eux.

« Elle becquetait même dans l'assiette de ses maîtres.

« Elle couchait dans la chambre de M. Gérardin, sur la descente de lit. Elle n'en bougeait que lorsqu'elle voyait qu'on se levait. Alors elle courait à la porte pour rester fidèle aux soins de propreté auxquels elle s'était habituée. Dans le cours de la journée, elle usait du même procédé.

« Quand M. Gérardin était à son bureau, l'outarde se couchait à ses pieds. Si les contribuables qui se présentaient étaient ou des hommes ou des femmes ayant bonne tenue, elle ne bougeait pas. S'il se présentait des femmes dans un négligé trop apparent, elle se jetait ou sur leurs habits ou sur leurs mains. Un jour, Mme Gérardin donna son tablier de cuisine à une femme de basse-cour, et l'envoya ensuite au bureau de son mari. L'outarde s'élança sur elle, mais reconnaissant le tablier de sa maîtresse, elle recula et retourna à sa place. Cette femme ayant ensuite ôté le tablier, l'outarde se jeta sur elle.

« Mme Gérardin allait quelquefois s'asseoir sur un banc qui se trouvait devant la maison de M. Guérault, et l'outarde se plaçait près d'elle sur une espèce de nid qui lui était préparé et ne manifestait aucun désir de s'en aller.

« Cette maison est située sur la place de Fère-Champenoise et dans un des carrés qui s'y trouvent. L'outarde ne dépassait jamais ce carré, même quand ses maîtres le franchissaient. M. Guérault, qui avait l'habitude d'aller tous les jours à la même heure passer quelques instants au café de la place, rapportait chaque fois à l'outarde un morceau de sucre. Aussi celle-ci allait-elle toujours au-devant de lui, mais sans sortir du carré.

« Quand M. Gérardin revenait de ses tournées de perception, l'outarde, par un cri particulier et très-perçant, annonçait le retour de son maître, alors qu'il était encore à plus de trois cents pas et qu'elle ne pouvait l'apercevoir.

« Cet oiseau ne se préoccupait pas des chiens blancs, mais il avait peur des chiens noirs; effrayé par des chiens de cette couleur, il s'est envolé deux fois dans la plaine, en 1847. Les enfans du village se mirent à sa recherche et le trouvèrent bientôt. A leur appel, M. Gérardin accourut; l'outarde, le voyant, revint immédiatement avec lui.

« Au mois de mars 1848, époque de la nidification, quand du bureau de M. Gérardin l'outarde voyait des oiseaux voler, elle prenait son vol comme pour aller les trouver; de là des ennuis, des embarras à la suite desquels M. Gérardin se décida à donner son élève à M. d'Écourtils, qui l'envoya dans le Nord à un de ses amis, mais six semaines après, la pauvre outarde mourut... sans doute de chagrin. On fit son autopsie et l'on trouva le foie gâté.

« Tel est le récit de M. Gérardin. Je n'ai aucune raison de ne pas le croire sincère et exact.

« Vous trouverez sans doute, cher Monsieur, qu'au point de vue de l'alimentation, de l'instinct et de la domestication, cette petite histoire contient des renseignements importants.

« N'est-il pas bien malheureux qu'une espèce aussi précieuse comme gibier, d'une finesse de chair et d'un poids aussi remarquables, ait été proscrite de nos contrées, pour lesquelles elle semblait avoir été destinée, et que depuis longtemps on n'ait pas travaillé à en faire une espèce domestique!

« D'après les renseignements que j'ai pris, la grande outarde ne niche plus en Champagne. On en voit encore quelques-unes, mais à l'état de passage. »

OUTARDE CANEPETIÈRE. — OTIS TETRAX.

Cette espèce beaucoup plus petite que la précédente, vient chaque année se reproduire dans notre département. Elle fixe ordinairement son domicile aux environs de Doué-la-Fontaine, dans les vastes plaines de Douces. Cependant j'ai reçu, cette année 1868, un œuf d'outarde canepetière trouvé dans la commune de Saint-Georges-des-Sept-Voies (canton de Gennes); les personnes qui me l'ont procuré étaient convaincues que la femelle avait emporté les autres œufs dans un lieu plus sûr, parce qu'elle s'était aperçue que son nid était découvert. Le dernier œuf avait été capturé avant que le déménagement complet n'eût été opéré. Si ce fait était bien constaté, il viendrait corroborer l'opinion qui attribue la même habitude à l'outarde barbue.

L'outarde canepetière niche à terre parmi les herbes; c'est là que, sur une couche peu délicate, la femelle pond de trois à quatre œufs de couleur bronze uniforme et luisante, parsemée de petits nuages roussâtres peu apparents.

Quelques-uns de ces œufs revêtent une teinte verdâtre ou même bleuâtre; j'en ai reçu dont la couleur était d'un vert olive, et d'autres d'un roux très-foncé et uniforme.

Leur grand diamètre est de $0^{m},041$ à $0^{m},042$, et le petit, de $0^{m},03$ à $0^{m},04$. La mère conduit ses petits appelés *petraceaux*, comme la poule conduit ses poussins; à l'approche du moindre danger, les petraceaux se tapissent à terre avec une habileté remarquable. La femelle est très-défiante en tout temps, mais surtout lorsqu'elle veille sur ses petits; elle a recours à toutes sortes de moyens pour sauvegarder sa progéniture qu'elle entoure d'une sollicitude vraiment maternelle. C'est ce qui a donné naissance à ce vieil adage : *Faire la canepetière;* c'est-à-dire être défiant et même avoir recours à des ruses qui approchent de la rouerie. L'outarde s'envole obliquement et à la manière des canards, en faisant entendre son cri, *pet*, *pet*; puis, par une course très-rapide et dissimulée, elle revient se poser dans le lieu d'où elle était partie.

En été, le mâle se distingue de la femelle par un double collier noir et blanc. Cette espèce ne porte point de moustache.

Comme la canepetière, il me faut revenir à mon point de départ dont je me suis assez éloigné, et donner la racine des mots *canepetière* et *tetrax*.

La première de ces expressions est formée, selon l'opinion de quelques savants, de *cane* et de *petra*, pierre, et exprime d'une manière énergique l'habitude de la canepetière qui se couche sur la terre, sur les pierres, comme le canard semble le faire sur les eaux; une autre interprétation au moins aussi plausible que la précédente, justifierait cette épithète par la couleur de l'outarde qui la rapproche du canard et *canepetière* signifierait alors canard qui vit à terre, au milieu des terrains pierreux.

La plupart des anciens naturalistes l'appellent *anas campestris*, le *canard terrestre*.

Cette opinion est aussi celle de Roquefort, de Trévoux, de Belon, de Ménage, etc. Enfin Littré l'a consignée dans son *Dictionnaire étymologique*.

Voici le texte de Belon sur cette étymologie : « Ce nom de cane petiere luy a esté baillé, non pas qu'elle soit aquatique, mais qu'elle se tapist côtre terre à la manière des canes en l'eau. » (Livre V de la *Nature des Oyseaux*, p. 257.)

Quelques personnes ont cru pouvoir trouver dans l'épithète *petière* une onomatopée représentant le cri répété de cet oiseau. Mais alors pourquoi appeler les petites outardes *petraceaux*? Puis comment concilier cette opinion avec le témoignage de Salerne (*Hist. des oiseaux*, p. 155), qui affirme que la petite outarde est appelée indifféremment canepetière ou *cane petrace*, et que ces mots représentent la même idée, comme le prouvent les détails suivants, donnés par le même auteur?

La manière dont elle s'envole pour revenir au point de départ serait encore un trait de ressemblance avec le canard. Salerne (*Hist.*

naturelle des oiseaux, p. 155) dit « que l'outarde *canepetière* est ainsi appelée parce qu'elle ressemble au canard, vole comme lui et se plaît parmi les pierres. » Peut-être, cependant, serait-il plus logique d'admettre deux étymologies, l'une pour *petière* et l'autre pour *pétrace.*

J'avais rédigé, je l'avoue, ces dernières lignes, comme une concession faite à quelques amis; mais je crois devoir en terminant cette petite étude sur l'étymologie de *canepetière* avouer en toute simplicité, que je pense que les véritables racines de ce substantif composé, sont cane et *petière,* vieux mot français signifiant qui *court,* qui se *promène à pied.* Le principe de ce verbe est *peditare* diminutif de *peditum,* supin de *pedo.* Du verbe *peditare*, on a fait par contraction *pedare* et *petare.*

Il me semble très-évident que la racine de ces différentes formes du même verbe, est *pes, pedis, pied,* et que cette racine fondamentale appliquée à la canepetière indique que la différence essentielle qui existe entre cette cane et la cane proprement dite, c'est que la première se distingue de la seconde en se servant de ses pattes, uniquement pour *courir,* se *promener*, et non pour *nager.* Dès lors *petrace* se lierait à *petière* et n'indiquerait qu'une idée accessoire de l'idée principale, une *course,* une *promenade* dans les terrains pierreux.

Quant à l'épithète *tetrax,* elle est la traduction de TÉTRAX, dont la racine TÉTRAZÔ signifie « caqueter » comme une poule qui pond, et indique une habitude de l'outarde canepetière, habitude qui lui servirait de trait d'union avec la poule; j'ai déjà constaté que la canepetière veille sur ses petits comme la poule sur ses poussins.

ŒDICNÈME CRIARD. — ŒDICNEMUS CREPITANS.

Autant la physionomie des outardes est gracieuse et leur port noble et majestueux, autant la physionomie de l'œdicnème est peu sympathique, autant son port le rattache aux échassiers pris dans l'acception de *boiteux*, d'*estropiés.* L'œdicnème se distingue de tous les oiseaux de la même famille par une tête dont les proportions paraissent démesurées avec celles du corps de cet oiseau ; sa forme est presque ronde; il porte deux yeux très-gros sortant de leur orbite et ne révélant aucune intelligence. Tout dans cet échassier, tout jusqu'à son nom, semble éloigner de lui la sympathie qui s'attache si facilement à un grand nombre d'autres espèces. La seule considération que l'on puisse faire valoir en faveur de l'ædicnème, c'est son extrême timidité ; il ne circule que le soir, il paraît fuir le jour et les regards des créatures, comme s'il rendait justice à ses formes disgracieuses et à son cri fatigant.

Quand la nuit commence à envelopper la terre de ses épaisses ténèbres, l'ædicnème se livre à des pérégrinations très-actives ; il court avec une rapidité extraordinaire, ce qui l'a fait appeler par les gens de la campagne l'*arpenteur*, le *courlis de terre.*

Cet oiseau ne séjourne que dans les terrains pierreux, sablonneux, incultes, dans les bruyères ; là il se nourrit de limaçons, de lombrics, de sauterelles, de mulots, de campagnols et de reptiles. M. Courtiller, propriétaire, directeur du musée de Saumur, atteste qu'un ædicnème qu'il élevait en captivité, se jetait avec avidité sur les intestins de volailles pour les manger. M. Lescuyer a vu un ædicnème qui s'était habitué à vivre en bonne harmonie avec les poules, les chats, et même avec les chiens. D'où ce savant conclut avec raison que si les outardes, les ædicnèmes, etc., étaient l'objet de soins intelligents et continus, ces différents oiseaux pourraient être facilement réduits en domesticité.

L'ædicnème niche à terre ; la femelle pond dans un petit enfoncement qu'elle a préparé avec ses pattes, deux œufs très-gros dont le grand diamètre varie de $0^m,045$ à $0^m,075$, et le petit, de $0^m,035$ à $0^m,040$. Cette grande différence qui existe entre les dimensions de ces œufs, et qui se reproduit régulièrement, semblerait indiquer, dans cette espèce comme dans beaucoup d'autres, deux races distinctes, une petite et une plus forte.

La couleur de ces œufs est d'un gris jaunâtre avec des taches irrégulières d'un brun foncé et semées en zig-zag. La forme varie beaucoup, ainsi que la couleur et l'abondance des taches. J'en possède dans ma collection quelques-uns dont le gros bout est entièrement couvert d'une large tache d'un noir très-foncé, et représentant une véritable calotte.

Le mot *œdicnème* est formé du verbe grec ΕΪDΕΪΝ, « enfler, » et de KNÊMÊ, « jambe. » Cette expression indique que cet oiseau a pour signe caractéristique des jambes dont le haut du tarse est très-dilaté, ainsi que la grosseur de l'articulation moyenne. On croirait facilement que le gonflement de l'articulation est le résultat d'une tumeur (œdème). Ses tarses sont réticulés, renflés en arrière et près du talon. Sous ce rapport, l'œdicnème peut être classé, du moins en apparence, dans l'ordre des *estropiés*.

Les épithètes *criard* et *crepitans* ont à peu près le même sens ; cependant l'adjectif latin exprime non-seulement un cri répété, mais encore un cri désagréable, irritant les nerfs. C'est le soir que les œdicnèmes font entendre leur cri : *turrli*, *turrli*, en courant avec une rapidité prodigieuse et en rasant la terre dans un vol assez soutenu. Latham appelle cet oiseau *otis œdicnemus,* mais il ne peut le ranger parmi les outardes qu'à titre de bouffon de cette famille, et pour faire ressortir davantage la belle physionomie des véritables outardes.

Les jeunes œdicnèmes, dont la chair est un bon gibier, restent assez longtemps en société avec leurs parents, et quand l'éducation est finie dans chaque couvée, les jeunes et les vieux se réunissent en bandes assez nombreuses, et quittent ordinairement l'Anjou vers le mois de novembre, pour y revenir au printemps. Cependant un certain nombre d'œdicnèmes séjournent toute l'année dans les quartiers sablonneux de notre département.

SANDERLING VARIABLE. — CALIDRIS ARENARIA.

L'explication de l'étymologie des noms donnés à cet échassier composera toute la notice qui lui est consacrée, car elle sera le résumé exact de ses mœurs, et indiquera même les modifications si nombreuses que subit son plumage.

Le sanderling variable est un charmant petit oiseau qui apparaît rarement dans notre contrée. Son séjour de prédilection est la région désolée des cercles arctiques ; là, il parcourt avec une très-grande rapidité et avec beaucoup d'élégance les sables que la mer couvre et abandonne tour à tour ; il cherche, sous les graviers et dans la vase, les vers et les insectes que les flots y ont apportés. C'est là aussi qu'il se reproduit ; la femelle pond sur le sable trois ou quatre œufs d'un roux verdâtre, parsemés irrégulièrement de points et de taches de nuances différentes, mais se rapprochant toutes, plus ou moins, du brun noirâtre. Le grand diamètre est de 0m,034 à 0m,035, et le petit, de 0m,022 à 0m,023.

Le sanderling est d'un caractère doux et sociable ; par l'ensemble de ses mœurs, il se rapproche des bécasseaux et des pluviers.

L'expression *sanderling* est celle par laquelle cet échassier est désigné sur toutes les côtes de l'Angleterre. *Sand*, en anglais et en allemand, signifie *sable* ; *er* indique ordinairement l'habitation : ainsi *London-er*, habitant de Londres, *Holland-er*, habitant de la Hollande. *Ling* représente un diminutif. *Sand-er-ling* signifierait, d'après cela, un oiseau « fréquentant le petit sable, » ou le petit oiseau « parcourant les sables ; » ces deux sens expriment parfaitement les mœurs du sanderling variable. Enfin en allemand, *sander* signifie celui qui « habite les sables. »

L'épithète *variable* se justifie par la variété que le plumage de cet oiseau subit chaque année et à chaque mue, variété si profonde et si complète, que le plumage des vieux ne ressemble plus à celui des jeunes, et que le plumage même de chaque sujet est tout différent de celui de ses congénères ; de sorte qu'il est très-rare de rencontrer deux sanderlings dont le plumage soit de la même couleur et de la même nuance. Ainsi se justifient les expressions *sanderling variable.*

C'est cette variété de couleurs et de nuances se reproduisant à l'infini qui a occasionné tant d'erreurs dans la description et le classement de cet oiseau. On eût pu subdiviser cette espèce d'une manière illimitée, en se fondant sur les nombreuses variétés de plumage des sujets, variétés profondes et très-tranchées.

Quant aux mots *calidris arenaria*, ils représentent la même idée que *sanderling*. *Calidris* semble avoir pour racine CHALIX, signifiant

« petite pierre, petit caillou, » et *arenaria* dérivé de *arena*, « sable, gravier, » d'où est venu *arenaria*, « sablonnière, » et *arène*, « endroit couvert de sable, sablé, » et enfin *arenarius*, « gladiateur combattant dans l'arène, sur les sables. »

PLUVIER DORÉ. — CHARADRIUS PLUVIALIS.

Le pluvier doré vit dans les régions du nord, où il se nourrit de vers et d'insectes mous, qu'il capture avec adresse dans les lieux humides, dans les prairies marécageuses, sur les bords des fleuves et sur le rivage des mers. Cet oiseau voyage par famille et assez souvent par bandes formées de la réunion d'un certain nombre de familles.

Chaque année, il nous arrive à l'automne, au moment des pluies, pour nous quitter au printemps. C'est l'époque de son arrivée qui, d'après Ménage et d'après plusieurs autres auteurs, lui a fait donner le nom de *pluvier*, « oiseau venant avec la pluie. » Quant à l'épithète *doré*, elle est justifiée par les nuances du plumage de cet oiseau, plumage noirâtre, tacheté d'un jaune doré sur le dos et sur les ailes. Dans le nord de la France, on prend avec des filets beaucoup de pluviers dorés, et quelques propriétaires conservent ces oiseaux pendant l'hiver, les mettent dans les jardins où ils s'habituent facilement ; là, ils se nourrissent d'insectes, de vers et de limaçons ; ils mangent aussi très-volontiers de la mie de pain et de petits morceaux de viande cuite. Le pluvier doré est un excellent gibier, très-recherché par les gastronomes anglais, qui apprécient encore beaucoup les omelettes faites avec des œufs de cet oiseau.

A la cour de Londres, une de ces omelettes figure presque toujours dans les grands repas officiels. Les principaux restaurants de Paris offrent aussi aux véritables appréciateurs de l'art culinaire des omelettes faites avec quelques œufs de pluvier, auxquels on mêle en plus grand nombre des œufs de vanneau, après toutefois les avoir montrés aux consommateurs. Ce qui prouve en passant qu'avant de s'asseoir à ces tables luxueuses, il serait bon de faire une petite visite aux collections des musées.

La femelle pond de trois à cinq œufs, dans des marécages; ces œufs sont ventrus et piriformes, d'un jaune clair et un peu verdâtre avec des points gris foncé et des taches noirâtres. Le grand diamètre est de 0m,05, et le petit de 0m,035.

Les pluviers dorés n'ont que trois doigts. Ils manquent de pouce.

Pour compléter ces quelques notes sur le pluvier doré, il ne reste plus qu'à indiquer l'étymologie du mot *charadrius ;* il dérive de CHARADRIOS qui, chez les Grecs, signifie *pluvier*, oiseau qui visite les ravins, les lieux humides; de CHARADRA « ravin, » qui vient lui-même de CHARASSÔ et enfin de CHAÏNÔ, « être entr'ouvert, béant. »

Voici le texte de Belon qui se rapporte à cette étymologie et l'explique d'une manière bien claire et bien complète : « *Charadrios* est autant comme qui diroit en françoys oyseau habitant es ouuertures entre montaignes et rochers de difficiles accez, sur les riuages des torrents. » (Liv. III, p. 183.)

Il demeure donc encore démontré que les noms donnés à ces échassiers sont loin d'être vides de sens, mais qu'au contraire ils relatent des particularités se rattachant au plumage, aux mœurs de ces oiseaux, et servent alors à les rappeler à ceux qui les connaissent, ou à les apprendre à ceux qui les ignorent.

PLUVIER GUIGNARD. — CHARADRIUS MORINELLUS.

Ce pluvier apparaît très-rarement en Anjou, et est beaucoup moins multiplié que le précédent; il se plaît dans les terrains arides, et se nourrit principalement de petits orthoptères. Ses mœurs sont très-douces; il témoigne pour ses congénères une très-grande sympathie; aussi quand un de ces oiseaux est blessé, tous ceux qui l'accompagnent voltigent autour de lui et se font tuer jusqu'au dernier plutôt que de l'abandonner; exemple bien touchant de la véritable fraternité si peu pratiquée dans notre siècle d'égoïsme.

La chair du pluvier Guignard est estimée, comme étant encore plus délicieuse que celle du pluvier doré. Cette réputation est-elle fondée sur une véritable supériorité ou plutôt sur la rareté de ces oiseaux? je l'ignore; mais ce que l'histoire m'apprend, c'est que ce pluvier porte le nom d'un excellent bourgeois de Chartres, Jean Guignard, juge à ce qu'il paraît en gastronomie, et qui le premier, en 1542, apprécia et fit apprécier aux autres la délicatesse exquise de la chair de cet échassier. Quant à l'épithète *morinellus,* elle me paraît dériver de *Morini,* nom des peuples qui habitaient jadis, au temps des Romains, la Picardie, l'Artois et une partie de la Belgique, et indiquer, comme je l'ai déjà dit, la partie de la France où les pluviers dorés et les pluviers Guignard apparaissent et sont capturés en plus grande quantité. *Morinellus* rappellerait donc la patrie de passage de cet échassier. Le pluvier Guignard niche dans les montagnes; la femelle pond quatre ou cinq œufs ventrus et très-courts, d'un gris roussâtre ou olivâtre, avec de larges taches brunes formant une espèce de calotte vers le gros bout, où elles sont beaucoup plus rapprochées que sur le reste de la coquille. Leur grand diamètre est de $0^m,038$ à $0^m,04$, et le petit, de $0^m,03$ à $0^m,035$. Ces œufs sont très-rares dans le commerce et d'un prix très-élevé; la plupart de ceux qui figurent dans les collections n'appartiennent pas à l'espèce sous le nom de laquelle ils sont classés.

GRAND PLUVIER A COLLIER. — CHARADRIUS HIATICULA.

Le grand pluvier à collier visite chaque année notre bel Anjou; il y séjourne plus ou moins longtemps, selon que les eaux de la Loire sont basses ou hautes et laissent, par là même, plus ou moins à découvert les grèves, sur les bords desquelles il cherche et trouve sa nourriture. Il porte le nom de *grand* parce qu'il constitue l'espèce la plus forte du genre. L'épithète *à collier* indique un de ses signes caractéristiques. Les campagnards l'appellent, dans leur langage expressif, le *blanc-collet.* Le mot *charadrius* ayant été expliqué précédemment, ma tâche étymologique se borne à indiquer la racine du mot *hiaticula, hiaticule.* Cette tâche si simple en apparence m'a imposé de pénibles et de longs labeurs et ce n'est qu'après des recherches poursuivies pendant plusieurs années, que j'ai pu entrevoir les racines de l'expression *hiaticule* employée par tous les auteurs et qui cependant ne se trouve dans aucun dictionnaire. Pour comprendre plus facilement les hypothèses que je vais soumettre à mes lecteurs, je dois commencer par expliquer quelques circonstances des habitudes du grand pluvier à collier. Cet échassier pousse en volant des cris aigus et répétés, et quand il est préoccupé, il baisse et relève brusquement la tête. Il court avec une très-grande rapidité sur les sables humides en les frappant constamment de ses pieds, afin d'en faire sortir les insectes qui s'y trouvent cachés. Le long des rivages de la mer, il aime à fréquenter les ouvertures béantes des bords escarpés, les petites cavités, où l'eau entre et d'où elle sort tour à tour selon le flux et le reflux, en y déposant une grande quantité de vers et de petits mollusques brisés par les flots: *Hiatus* signifiant « ouverture de la bouche, bâillement, abîme, gouffre, » peut indiquer que l'épithète *hiaticula* a été donnée au grand pluvier soit parce qu'il ouvre très-fréquemment le bec pour pousser des cris plaintifs et répétés, soit parce qu'il visite et fréquente constamment les bords des gouffres, les déchirures des rivages de la mer. Cette dernière explication peut s'appuyer sur un texte d'Aldrovande (*Ornithologie*, édition in-folio, livre XX, pag. 207) : « *Verum si rectè, ut Gaza putavit, hiaticula verti potest nomen, indè factum quod circa fluminum alveum et rivorum charadras, sive hiatus riparum versari soleat.* — Mais s'il est possible, comme l'a cru Gaza, de donner une explication exacte du mot *hiaticula*, elle doit être prise de ce que ce pluvier se tient d'habitude sur l'eau, rasant le bord, près des fissures et, pour ainsi dire, des *hiatus* du rivage. » Cette étymologie peint d'une manière bien exacte l'habitude du pluvier, qui ne vole effectivement qu'au-dessus du contour des grèves ou des rivages. De plus, elle paraît se justifier encore par l'expression générique *charadrius*, ayant pour racine CHARADRA, « ravin, » et CHASSÔ et CHAÏNÔ, « être entr'ouvert, béant. » Cette dernière interprétation, *entr'ouvert, béant*, me rappelle tout naturellement une habitude du pluvier armé, qui séjourne en Égypte et au Sénégal. Ce pluvier est ainsi appelé parce que le pli de son aile est armé à l'extérieur d'un éperon corné et très-aigu. Les fleuves de l'Égypte et du Sénégal sont peuplés de nombreux crocodiles. Tandis que ces terribles amphibies parcourent les eaux, des sangsues pénètrent dans leurs gueules béantes, et lorsqu'ils sont à terre, des fourmis, des insectes nombreux s'y introduisent. La disposition de la langue du crocodile le laisse désarmé contre les cuisantes attaques de tous ces ennemis. Or le pluvier armé vient le secourir. Tandis que le monstre est étendu au soleil sur le sable des rivages brûlants, il ouvre sa large gueule. C'est alors que le pluvier s'en approche, entre dans ce dangereux gouffre, s'y installe, s'y promène et nettoie les dents, les gencives, le palais et la langue du crocodile. Quand l'opération est entièrement terminée, il se retire très-tranquillement, pour recommencer sur un autre sujet. « Le crocodile, dit Elien, profitant de ce service, en endure l'opération avec patience et reste immobile; de sorte que le pluvier trouve un bon repas dans les sangsues, et le crocodile jouissant de ce secours, pense bien récompenser l'oiseau, en restant tout-à-fait inoffensif contre lui. » Hérodote avait décrit la scène que je viens de retracer d'une manière sommaire; mais elle avait été classée parmi les fables, jusqu'au moment où M. Geoffroy Saint-Hilaire put en constater lui-même l'entière exactitude, sur les bords du Nil. L'éperon corné et très-aigu, dont le pli de l'aile du pluvier est armé, a été donné à cet oiseau par la providence de Dieu pour lui faciliter l'accomplissement de sa dangereuse mission. En effet, le pluvier en agitant ses ailes par un petit mouvement continu, par une espèce de frémissement, doit faire sentir au palais du crocodile une série de petites piqûres propres à engager le terrible amphibie à plutôt ouvrir la gueule qu'à la fermer. L'habitude du pluvier armé de visiter d'une manière régulière les gueules béantes des crocodiles eût dû lui mériter, plus qu'à tout autre pluvier, l'épithète *hiaticula*.

Le grand pluvier à collier niche sur les plages ou sur les îlots de la mer; la femelle dépose trois ou quatre œufs dans une petite cavité et plus souvent encore au milieu de quelques gros grains de gravier réunis en circonférence. L'intérieur de cette circonférence est garni de sable beaucoup plus fin que celui qui forme les bords. Les œufs sont toujours disposés de manière que le petit bout des œufs s'appuie sur le centre du cercle, de sorte que l'autre extrémité repose sur la ligne extérieure du nid, dans laquelle se trouvent mêlés des débris de petites coquilles.

Les œufs sont d'un gris jaunâtre, parsemés de taches d'un brun noir et quelquefois d'un gris foncé. Le grand diamètre varie de 0m,032 à 0m,034, et le petit, de 0m,022 à 0m,025.

PETIT PLUVIER A COLLIER. — CHARADRIUS MINOR.

Ce gracieux échassier niche en Anjou; j'ai pu, dès lors, étudier ses mœurs et ses habitudes d'une manière plus persévérante que celles de ses congénères, qui ne font qu'y séjourner quelque temps. Il se trouve en assez grand nombre sur toutes les grèves de la Loire et même sur les bords des étangs, en particulier sur ceux de Chaloché où il niche également. Le petit pluvier à collier fait entendre presque constamment un petit cri plaintif; le mot *hiaticule* ne pourrait-il pas lui être appliqué dans le sens de *crieur*, de *bavard,* d'oiseau qui ouvre souvent le bec? Ces cris sont encore plus multipliés pendant la pluie que lorsque le temps est serein. L'épithète *pluvier* n'indiquerait-elle pas que cet oiseau annonce la pluie?

Enfin le petit pluvier se laisse beaucoup plus facilement approcher quand la pluie tombe que lorsque la température est élevée. C'est, selon Aldrovande, le motif qui a mérité à cet oiseau son nom. « *Sic in totâ Galliâ audit, ut testis est Belonius, qui sic dictum putat, quod pluviarum tempore facilius capiatur.* — Telle est l'opinion communément reçue en France, comme en témoigne Belon; car cet auteur pense que le pluvier est ainsi nommé, parce que cet oiseau est plus facile à prendre par les temps de pluie. » (*Ornith.*, liv. XX, p. 205).

Cette étymologie du mot pluvier me semble plus plausible que celle que j'ai indiquée d'après Ménage, à l'article du pluvier doré. On a donné en France le nom de *Pluviers* (aujourd'hui Pithiviers) à une petite ville de la Beauce, à cause de la grande quantité de pluviers qui se trouvent dans ses environs (*Encyclopédie*, édition de Genève, 1778, t. XXVI, p. 313).

Chez les Romains, Jupiter portait le surnom de *Pluvius*, et on l'invoquait pour obtenir de la pluie. L'histoire ou plutôt la mythologie raconte que l'armée de Trajan, étant prête à périr de soif, adressa ses prières à Jupiter Pluvius et obtint aussitôt une pluie abondante. Pour perpétuer le souvenir de cet événement, on grava sur la colonne Trajane à Rome, la figure de Jupiter Pluvius et les soldats romains recevant l'eau dans le creux de leurs boucliers. Le dieu est représenté sous la figure d'un vieillard à longue barbe, avec des ailes et tenant les deux bras étendus et la main droite un peu élevée ; l'eau paraît sortir à grands flots de ses bras et de sa barbe. Quittons le domaine de la fiction et revenons à celui de la vérité.

Le petit pluvier court avec une excessive rapidité sur les bords humides des grèves, en frappant avec ses pieds le sable fin que la Loire, en se retirant, a laissé récemment à découvert; cette manœuvre habile imprime au sable une pression réitérée, qui force les insectes et les vers cachés dans le sable ou dans la vase à sortir de leurs retraites et à devenir la proie du pluvier. Cette habitude caractéristique, que j'ai constatée bien des fois, m'engagerait à trouver un léger trait d'union entre les mots *hiaticula* et *hiator*. Du Cange dit que cette dernière expression a la même étymologie que le mot *hie*, désignant un instrument avec lequel on frappait, on pressait le silex qui servait au pavage. « *Instrumentum quo pavimenti silex premitur.* » Si le mot *hiator* se fût appliqué non-seulement à l'instrument, mais encore à celui qui s'en servait, il eût peint d'une manière très-énergique le pluvier *hiaticule*, qui *crie* en *frappant* de ses pieds les sables du rivage. Cette interprétation s'accorderait encore avec le mot *gravelot*, par lequel les pluviers sont maintenant désignés, et qui signifie oiseau qui « vit sur les graviers, qui les foule aux pieds. »

Ce pluvier niche sur les sables de la Loire. Son nid est simplement un petit trou, que la femelle prépare en réunissant en circonférence quelques gros graviers ; au milieu se trouve un sable fin sur lequel reposent trois ou quatre œufs dont la petite extrémité s'appuie sur le centre du nid. Ces œufs sont assez gros et piriformes. Leur couleur est d'un gris un peu rose, parsemé de petits points bruns.

Quelques-uns sont d'un roux clair. Leur longueur varie de $0^{m},03$ à $0^{m},032$, et leur diamètre de $0^{m},022$ à $0^{m},024$. Jamais les œufs ne sont déposés sur le sable fin ou sur les bords des grèves, mais toujours sur les points culminants et sur le plus gros gravier. Quoique la couleur de leurs œufs se marie à celle du sable et leur offre ainsi un moyen d'échapper aux recherches de leurs ennemis, les pluviers préparent encore un très-grand nombre de nids avant de se décider à confier à l'un d'eux l'espoir de leur jeune famille. Quand on s'avance sur une grève où se trouve un nid de petit pluvier, le père et la mère font entendre immédiatement des cris plaintifs, en courant ou en volant sur les bords de la grève, et révèlent ainsi, sans le vouloir, que sur ces sables reposent des œufs ou des petits, objets de leur tendresse. Les pluviers ont des ennemis redoutables dans les pies et dans les corneilles qui visitent les grèves dans tous les sens, pour y découvrir et y manger les œufs de la petite hirondelle de mer et ceux du pluvier.

J'avais rédigé tout ce qui concerne les étymologies de *charadrius* et de *hiaticula*, lorsque j'ai trouvé trop tardivement ce passage de Belon qui détermine les véritables sens de ces deux expressions : « Gaza en Aristote tourne *charadrius* par *rupex* et *hiaticola* : Voicy comme il l'a traduit : *Volucres colunt aliæ loca fragosa et saxa et cavernas, ut quem a præruptis torrentium alveis charadrium appellamus, quasi hiaticolam dixeris.* D'autres oiseaux fréquentent les lieux escarpés, les rochers et les cavernes. Tel est celui que nous appelons *charadrius*, autrement dit *hiaticola*, parce qu'il habite les pentes abruptes des torrents. » (Belon, liv. III, pag. 183.)

PETIT PLUVIER A COLLIER INTERROMPU. — CHARADRIUS CANTIANUS.

Ce pluvier est beaucoup moins commun en Anjou que le précédent. Ses habitudes sont les mêmes que celles de ses congénères.

Les épithètes *à collier interrompu* indiquent que ce pluvier se distingue des autres par son collier qui ne fait pas le tour du cou, et qui semble représenter un collier entr'ouvert ou brisé. L'adjectif

Cantianus rappelle que cet échassier est très-commun en Angleterre, dans le pays de *Kent*. Sur un grand nombre de catalogues d'ornithologie, il est désigné sous le nom de *gravelot* de Kent, ou d'oiseau qui habite les gravelles de Kent ou les dunes et les sables composés de petits graviers. Le pluvier à collier interrompu niche sur le sable entre de petits coquillages ou des galets. La femelle pond trois ou quatre œufs d'un jaune clair et sale ou d'un gris verdâtre, avec des points ou des taches d'un gris ou d'un noir foncé. Ces œufs se distinguent de ceux des deux autres espèces par de petits traits noirâtres semés en zig-zag, surtout vers le gros bout. Le grand diamètre varie de $0^{m},032$ à $0^{m},035$, et le petit, de $0^{m},022$ à $0^{m},025$. Le pluvier à collier interrompu se réunit à la petite hirondelle de mer, au petit pluvier et au grand pluvier à collier, pour nicher par bandes innombrables sur les petits îlots de la mer, en ayant soin de choisir ceux qui ne sont jamais couverts par les flots, même pendant les plus fortes marées. Un jour, ayant fait naufrage près la Roche-Percée, j'ai trouvé sur les Esvaux, îlot à sept ou huit kilomètres des côtes du Pouliguen, quatre-vingt-seize œufs de pluvier à collier interrompu et de petite hirondelle de mer, dans un espace de moins de vingt mètres de longueur et de dix mètres au plus de largeur. Tous les nids se trouvaient les uns près des autres. Quand nous descendîmes sur les sables, les mères s'envolèrent de leurs nids, en poussant des cris plaintifs et en tourbillonnant au-dessus de nos têtes.

Je termine ces quelques lignes sur les pluviers *à collier interrompu* par une remarque, qu'ont faite tous ceux qui collectionnent les œufs, remarque qui révèle un nouveau trait de la sollicitude prévoyante de Dieu envers tous les êtres de la création. Les œufs de pluvier et de tous les oiseaux qui pondent à terre sans aucun nid, sont beaucoup plus gros que ceux des oiseaux qui confient l'espoir de leurs jeunes familles à des berceaux plus ou moins bien façonnés, et dont la présence est dissimulée avec un très-grand soin. Les petits pluviers devant pouvoir se suffire en brisant la coquille qui les renferme, cette coquille est beaucoup plus développée que celle des autres œufs, ce qui permet aux petits de naître beaucoup plus gros et plus forts que s'ils étaient renfermés dans les parois d'une étroite prison. De plus, si les petits pluviers étaient condamnés à rester dans leur berceau entièrement à découvert, pendant plusieurs semaines, aucun d'eux n'échapperait à la recherche de leurs nombreux ennemis. Aussi tous les petits appartenant à la première famille des échassiers courent-ils quelques instants après leur naissance et dissimulent-ils leur présence en se tapissant sur le sable, avec lequel s'harmonise leur couleur, ou au milieu des herbes touffues qui croissent dans les lieux marécageux.

HUITRIER PIE. — HÆMATOPUS OSTROLEGUS.

Les noms savants et les dénominations vulgaires qui servent à désigner cet échassier représentent, d'une manière bien vraie et bien exacte, les habitudes et les signes caractéristiques qui le distinguent de tous les oiseaux de la même famille. L'huîtrier ne vit pas solitaire : il se réunit au contraire en bandes assez nombreuses, parcourt les marais salants, les rivages de la mer ; là, il se nourrit de crustacés, et principalement de petites coquilles, de petites huîtres, dont il sépare les valves très-adroitement avec son bec, profitant du moment où elles sont un peu entr'ouvertes. Telle est l'origine de son premier nom, *huîtrier*, mangeur d'huîtres. Deux couleurs se partagent les nuances de son plumage, le noir et le blanc, qui s'harmonisent de manière à donner à l'huîtrier une ressemblance assez grande avec la *pie*. Quant au nom *ostrolegus*, il retrace, avec le cachet de la science, la même habitude que celle qui est indiquée par l'expression *huîtrier*, OSTREUM, « huître, » et LEGO, « choisir, recueillir » ; *hæmatopus* est formé de AIMA, AIMATOS, « sang, » et POUS, « pied, » oiseau dont les pieds sont rouges, couleur de sang. L'huîtrier est le seul de la famille des Pressirostres qui ait les pieds rouges ; dès lors, cette dénomination relate un caractère distinctif. L'huîtrier court très-vite, nage avec une grande facilité, et peut ainsi, dans les marais salants, passer d'une enceinte à l'autre sans avoir recours au vol et sans révéler sa présence.

La femelle pond à terre, dans les endroits marécageux, deux

ou trois œufs très-gros et de dimensions peu en rapport avec l'oiseau. Le grand diamètre est de $0^m,054$ à $0^m,056$, et le petit, de $0^m,035$ à $0^m,038$. Leur couleur est d'un jaune verdâtre ou d'un roux sale, avec des taches ou des traits en zig-zag d'un très-beau noir. Les huîtriers se réunissent en grande quantité pour nicher; aussi les habitants des bords de la mer s'empressent-ils de recueillir ces œufs et d'en faire d'excellentes omelettes, dont la délicatesse pourrait être aussi vantée que celle des œufs du pluvier doré, si toutefois il était aussi difficile de se procurer les premiers que les seconds.

VANNEAU PLUVIER. — VANELLUS MELANOGASTER.

La dénomination *vanneau* est très-expressive : elle représente d'une manière simple et naïve l'habitude favorite des oiseaux désignés par ce nom. Le vol des vanneaux est très-gracieux et très-léger : ces oiseaux semblent se balancer dans les airs avec une délectation recherchée. Quand ils veulent changer de direction dans leur vol, ils battent leurs grandes ailes, et font alors entendre distinctement un bruit comparé à celui du *van,* instrument qu'on agite avec force pour nettoyer le grain qui lui est confié. Telle est l'origine bien naturelle du mot *vanneau.* Quand cet oiseau interrompt son vol, il semble, comme une pierre, tomber à terre par son propre poids. Là, il reste quelque temps immobile, regardant de tous côtés pour constater si aucun danger ne le menace, puis il se met à courir avec une rapidité et une élégance que nul autre oiseau ne surpasse. D'un caractère gai et vif, le vanneau est sans cesse en mouvement; aussi est-il très-difficile de l'approcher. On ne peut le tirer que lorsqu'on le surprend. Les détails que je viens de donner se rapportent et au vanneau pluvier et au vanneau huppé. Le premier est plus petit que le second : il est ordinairement appelé vanneau *suisse*, parce qu'il est très-multiplié dans l'Helvétie. Quant à l'épithète *pluvier* qui lui est donnée, elle indique qu'il se rapporte beaucoup au pluvier, quant à la taille et à l'ensemble de la physionomie. L'épithète *melanogaster* est composée de MELAS, « noir, » et

GASTER, « ventre, » et représente la couleur noire du ventre de cet échassier.

La femelle pond à terre, dans les prairies marécageuses, de trois à cinq œufs d'un brun olivâtre, avec des taches irrégulières et noires. Le grand diamètre est de 0^{m},043 à 0^{m},045, le petit de 0^{m},030 à 0^{m},032.

Ce vanneau vit comme le suivant, d'insectes, de vers et de limaçons qu'il capture dans les terres incultes, et surtout dans celles qui sont humides.

VANNEAU HUPPÉ. — VANELLUS CRISTATUS.

Les étymologies concernant cet échassier se bornent à l'épithète *huppé* (*cristatus*), qui rappelle que cette espèce se distingue de la précédente par une très-belle huppe, repliée sur le cou et qu'elle relève à volonté avec beaucoup d'élégance.

Le vanneau huppé se reproduit en Anjou. Autrefois il était très-nombreux dans certaines localités ; mais, depuis quelques années, il a presque entièrement disparu, à cause de l'acharnement avec lequel les pâtres recherchent ses œufs pour les briser ensuite dans des jeux coupables. Ce vanneau se tient de préférence dans les terrains humides et marécageux : il les explore en courant avec la même légèreté que les mouettes ; on dirait que ses pieds ne touchent pas à terre. Pour se procurer les vers et les insectes aquatiques qui composent sa principale nourriture, il frappe la terre de ses pieds, puis il attend en silence que la proie qu'il désire manifeste sa présence, et alors il la saisit avec une grande adresse. La femelle prépare avec ses pattes une petite excavation dans laquelle elle réunit quelques brins d'herbe, et c'est dans ce nid grossier qu'elle pond trois ou quatre œufs piriformes, de couleur olivâtre, avec des taches brunes, noires ou grises, et toujours plus multipliées vers le gros bout.

Dans le nid, ils sont placés de manière à former un cercle dont la circonférence est la réunion des gros bouts des œufs ; le petit repose vers le centre.

Ces œufs ont de 0^{m},046 à 0^{m},05 de longueur, et de 0^{m},032 à 0^{m},034 de diamètre. Ils sont l'objet d'un grand commerce en Hollande, en Angleterre et même à Paris.

En Hollande, on les sert à la fin du repas, comme dessert. Dans les marais de l'Écosse, dans les tourbières de l'Islande, dans les garennes sablonneuses du Yorkshire, les nids de vanneaux sont tellement multipliés, qu'ils deviennent une ressource alimentaire pour les habitants qui dressent des chiens destinés à les trouver.

Dans ces contrées, les vanneaux ont un ennemi encore plus redoutable que l'homme ; c'est la corneille mantelée : malgré les cris des vanneaux qui se réunissent pour la fatiguer de leur vol et de leur voix plaintive, elle emporte leurs œufs successivement, au bout de son bec, après les avoir transpercés.

Quelquefois les femelles pondent dans une simple excavation formée par le pied d'un bœuf ou d'un cheval. Quoique ces nids soient toujours près des lieux marécageux, ils se trouvent placés sur un petit monticule ou sur un sillon des champs voisins, de manière à ce que les œufs soient préservés du contact de l'eau.

Quand on entre dans un marais, dans un champ où se trouvent des nids de vanneaux, les pères et les mères signalent aussitôt, sans le vouloir, la présence de leurs petits ou de leurs œufs, en voltigeant au-dessus du champ et poussant des cris plaintifs. Plusieurs nids se trouvent ordinairement placés les uns près des autres. Bien des fois, en parcourant avec mes jeunes amis Eugène Lelong, Daniel Métivier, Guillaume Bodinier et Louis Manceau, les landes de Bécon, nous avons trouvé des nids de vanneaux en assez grand nombre, près des endroits où l'eau séjournait encore et qui n'étaient que très-imparfaitement desséchés. Lorsque les petits étaient nouvellement sortis de leurs nids, les cris des parents devenaient de plus en plus vifs et plaintifs, à mesure que nous dirigions nos pas vers les lieux où était cachée la jeune famille. Les petits vanneaux se glissaient avec une grande agilité à travers les herbes de ces prairies marécageuses, poussaient un petit cri, puis allaient se tapir immobiles, le long d'une touffe épaisse ou dans une légère excavation. Leur immobilité était tellement complète, leur silence si profond, leur affaissement si grand, qu'il nous était très-difficile de les capturer, d'autant plus qu'ils étaient en quelque sorte collés à la terre, et surtout assez loin de l'endroit où ils avaient fait entendre leur dernier cri. Ruse bien simple, mais qui souvent a déjoué toutes nos recherches.

Le vanneau est d'un caractère très-enjoué. Il se balance dans l'air en exécutant toute espèce d'évolutions gracieuses ; à terre il est sans cesse en mouvement ; il s'élance en l'air pour retomber, puis s'élancer de nouveau et retomber encore et parcourir le terrain en bondissant par une série de petits vols entrecoupés. Cet oiseau rend un véritable service aux constructions navales en mangeant de grandes quantités de *tarets*, espèce de mollusques qui perforent les pilotis et les bois submergés.

FAMILLE DES CULTRIROSTRES.

La deuxième famille de l'Ordre des Échassiers est celle des *Cultrirostres*. Cette dénomination est composée de *culter*, « couteau, » et de *rostrum*, « bec, » et indique que les oiseaux compris dans cette famille ont le bec en forme de couteau, c'est-à-dire que la mandibule supérieure du bec s'élève et s'abaisse à volonté sur la mandibule inférieure, comme la lame du couteau se détache et se rapproche du manche, ou, ce qui est encore beaucoup plus probable, parce que le bec de ces oiseaux, long, pointu, fort et tranchant, ressemble à la lame d'un couteau, excepté toutefois celui de la Spatule.

Les Cultrirostres ont une démarche grave, comme des sénateurs, — il s'agit bien entendu des Pères Conscrits de l'ancienne Rome — tous fréquentent les bords des étangs, des fleuves et des mers[1].

[1] Ici devrait se trouver l'Étude sur la grue cendrée, mais cette Étude a été insérée dans les *Annales de la Société Linnéenne* (année 1868).

HÉRON CENDRÉ. — ARDEA CINEREA.

La famille des hérons renferme un assez grand nombre d'espèces, dont quelques-unes sont désignées par des épithètes qui ont assujetti ma patience à de pénibles épreuves, en me condamnant à des recherches dans lesquelles j'étais très-disposé à crier : *Bihore, Bihore!* en répétant ainsi de tout cœur le nom donné à l'*Ardea nycticorax*. Avant de parcourir le sentier toujours si difficile des étymologies, j'entre dans quelques détails sur les mœurs des hérons, détails qui viendront en aide à des hypothèses que j'appuierai, autant que possible, sur les habitudes de ces oiseaux et sur de nombreuses autorités.

Les hérons sont des oiseaux semi-nocturnes. Il est tout naturel qu'ils chassent avant le lever de l'aurore et après le coucher du soleil, puisqu'ils ont en grande partie pour nourriture les poissons, qui ne circulent eux-mêmes le plus souvent qu'à ces deux moments de la journée. Aux poissons ils joignent des insectes aquatiques, des batraciens, des reptiles, et même quelquefois de petits mammifères. Solitaires par nécessité, car ils sont comme des chasseurs à l'affût, les hérons restent plusieurs heures appuyés sur une seule patte et dans une immobilité complète : ils représentent d'une manière bien vraie le pêcheur ou le chasseur qu'un espoir infatigable retient des journées entières à la même place, l'œil fixé sur le bouchon de sa ligne ou sur la petite lucarne de sa hutte, prison glaciale à laquelle il se condamne avec une résignation admirable, ainsi qu'à toutes les rigueurs qui y sont attachées, et dont malheureusement il ressentira plus tard les terribles conséquences par les tortures de cruels rhumatismes. Les hérons sont d'une nature indolente, ou plutôt résignée ; ils sont sobres et supportent facilement un long jeûne ; condamnés à vivre de leur pêche, ils se trouvent souvent réduits à se contenter de peu, et n'ont pas pour leurs repas, comme beaucoup de pêcheurs malheureux, les ressources d'une cuisine domestique. Leur maigreur était autrefois proverbiale. C'est pourquoi Marot, en parlant d'une de ses jambes, amaigrie par la douleur d'une longue maladie, s'est exprimé ainsi :

> Tant affaibli m'ha d'étrange manière,
> Et si m'ha fait la cuisse *héronnière*.

L'occiput et le jabot de la plupart des espèces de hérons sont ornés de jolies plumes, dont quelques-unes sont très-recherchées pour les parures et se vendent assez cher dans le commerce de l'Orient. Ces plumes tombent chaque année à l'automne pour reparaître au printemps. A cette dernière époque, les hérons semblent sortir de leur caractère ordinaire : ils se poursuivent dans les airs, se livrent à de joyeux ébats, en poussant des cris très-rauques et très-retentissants. Cette dernière habitude justifie l'opinion d'Adolphe Pictet (*Aryas primitifs,* 1re partie, p. 492), qui soutient que « le nom allemand *reigir*, pour *hreigir*, se lie à l'ancien haut allemand *heigero,* signifiant « héron », et dérive d'une racine perdue HRAG, qui se retrouve dans le grec KERCHÔ, KERCHNÔ, « *raucum esse, rendre rauque*, » d'où KERCHNÈ, « espèce de faucon, la crécelle, le criard par excellence. » Quant à l'ancien haut allemand *heigero*, il apparaît, mais un peu défiguré, dans le mot vulgaire *hegron*, sous lequel cet échassier est désigné sur les bords des rivières de l'Anjou. D'après le dictionnaire de Trévoux, « le mot « héron » vient du grec ÈRÔDIOS, encore qu'on puisse dire qu'il se tire du latin *ardea*, formé de deux mots grecs AÉRA DUEÏN, « prendre l'essor en l'air, voler fort haut. » D'autres aiment mieux tirer le mot latin d'*arduus,* et disent qu'*ardea* a été dit comme *ardua petens,* « volant fort haut, montant aux lieux les plus élevés et inaccessibles. » Cette interprétation des racines des mots *héron* et *ardea* a l'avantage de retracer d'une manière expressive le caractère particulier du vol du héron. Ces oiseaux volent les jambes étendues en arrière, le cou replié et la tête renversée sur le dos et appuyée sur le sternum, ce qui leur permet d'opposer leur bec, dirigé horizontalement, comme une arme terrible, à leurs adversaires, auxquels ils échappent ordinairement en s'élevant à des hauteurs où on ne peut les poursuivre. C'est cette hauteur de vol qui rendait la chasse du héron très-difficile et en faisait un des plaisirs privilégiés des seigneurs, qui seuls pouvaient se procurer des faucons capables d'atteindre dans leur vol très-élevé et presque perpendiculaire les grosses espèces de hérons. Voici comment Belon (liv. III, p. 190) explique, dans son style naïf, la manière dont les hérons se défendent contre les faucons : « Le héron, se sentant assailly par l'oyseau de proyë, essaye à le gaigner en volant contremont, et non pas au loing en fuyant, comme quelques autres oyseaux de riuière, et luy se sentant pressé, met son bec contremont par-dessous l'œlle, sachant que les oyseaux l'assomment de coups, dont aduient bien souuent qu'il en meurt plusieurs qui se le sont fiché en la poictrine. » Aussi la chair de ces oiseaux, quoique très-maigre et très-mauvaise, était-elle réputée *viande royale* et servie sur les tables des grands seigneurs, comme le précieux trophée d'une victoire difficile.

Villughby (*Ornith.*, p. 203) attribue la maigreur du héron, non pas au jeûne forcé auquel il est souvent condamné, mais à la crainte et à l'anxiété continuelle dans laquelle il vit.

L'*Encyclopédie méthodique* (tome II, p. 108) affirme que, dans le temps où la France était encore parsemée d'étangs, les grands seigneurs faisaient planter autour de ces étangs des arbres à haute futaie afin d'y attirer les hérons et d'engager ces oiseaux à se reproduire sur leurs propriétés ; puis, lorsque les petits étaient éclos, on les enlevait des nids pour les engraisser et les servir ensuite sur la table des seigneurs comme un mets rare et délicieux.

Les habitants de la campagne, excellents observateurs des mœurs des oiseaux, affirment que le héron annonce le beau temps quand il vole très-haut. Cependant, je trouve une opinion toute différente dans les *Livres dou tresor*, par Brunetto Latini, publié par P. Chabaille. « Et sa nature est tele que ele apercoit que tempeste doit choir, elle vole en haut là où la tempeste n'a pooir de monter, et par là connaissent maintes gens que la tempeste vient quand ils la voient voler contremont le ciel. » (Page 207.)

Du reste, ce qui prouverait que les noms *héron* et *ardea* expriment la même idée et ont la même racine, c'est qu'à ÉRODÔS ou à ÉRÔDÔS, principe du mot « héron », on donne pour racine AIRÔ, « élever », d'où ARDÊN, « en haut ». D'après Ménage, *héron* pourrait dériver du teutonique *her*, signifiant « *altus*, *celsus*, *eminens*, haut, élevé, éminent. » De plus, dans toutes les anciennes langues, le primitif *ard* veut dire « haut, escarpé, pointu. » Enfin, le mot *hir* en celtique se traduit par *long*, d'où l'on a fait le verbe celtique *hirïo*, « allongé et être allongé, » expression parfaitement justifiée par ces vers de La Fontaine :

Un jour sur ses *longs* pieds allait je ne sais où
Le héron au *long* bec emmanché d'un *long* cou.

(Liv. VII, fabl. III.)

Le cou du héron, et surtout celui du butor, est recouvert de longues plumes qui, dans le devant, semblent l'encadrer d'une manière mobile, et se séparent pour faciliter ses mouvements, principalement lorsque ces oiseaux poursuivent dans l'eau ou dans la vase leur proie, et ont besoin pour l'atteindre de toute la longueur et de toute la souplesse de leur cou. La Providence de Dieu a, d'une manière admirable, pourvu les hérons de tous les moyens les plus propres à leur faciliter l'accomplissement de la mission qui leur a été confiée ; voici ce que je lis dans l'*Encyclopédie* du docteur Chenu (tome VI, p. 223) : « Les doigts du héron sont d'une longueur excessive ; celui du milieu est aussi long que le tarse ; l'ongle qui le termine est dentelé en dedans comme un peigne, et lui fait un appui et des crampons pour s'accrocher aux menues racines qui traversent la vase sur laquelle il se soutient au moyen de ses longs doigts épanouis. Son bec est armé de dentelures tournées en arrière par lesquelles il retient le poisson glissant. Son cou se plie souvent en deux, et il semblerait que ce mouvement s'exécute au moyen d'une charnière, car on peut encore faire jouer ainsi le cou plusieurs jours après la mort de l'oiseau. » Enfin, la queue est très-courte ; si elle était aussi longue que celle des autres oiseaux, elle deviendrait pour les hérons un véritable embarras, car lorsqu'ils passent des demi-journées immobiles dans l'eau jusqu'au dessus des tarses, ces échassiers seraient obligés, ou de la relever par une série d'efforts pénibles, ou de la laisser plongée dans les eaux marécageuses, ce qui serait un nouvel inconvénient. Les hérons sont condamnés à des pérégrinations assez fréquentes; comme les tribus qui se livrent à la chasse et à la pêche, ils se trouvent forcés de chercher sur d'autres rivages la nourriture que ne leur procurent plus assez abondamment ceux qu'ils ont explorés. Ces voyages s'exécutent pendant la nuit, afin de se soustraire aux attaques des oiseaux de proie. Les hérons sont généralement très-défiants : on ne peut guère les approcher que par surprise. Quand ils sont blessés, il y a un danger réel à vouloir les saisir avec la main; dans ce moment-là, ils feignent de rendre le dernier soupir, puis replient en arrière leur cou, en en dissimulant la longueur sous les plumes du dos, et tout à coup le détendent comme un ressort puissant et cherchent à crever les yeux de leurs adversaires avec leur bec si fort et si acéré. Je connais des chasseurs inexpérimentés qui ont été blessés très-gravement par des hérons qui avaient eu recours au stratagème que je viens d'indiquer.

Un certain nombre d'espèces de hérons habitent l'Anjou ou viennent s'y reproduire. Quelques autres le traversent chaque année d'une manière assez régulière.

La première espèce mentionnée dans la Faune de Maine-et-Loire est le héron *cendré, ardea cinerea*, qui doit sa dénomination particulière à la couleur de l'ensemble de son plumage.

Cet échassier niche dans notre département, mais en petit nombre; il confie son nid à des arbres élevés, et le compose de bûchettes et de petits joncs desséchés grossièrement réunis. La femelle pond trois ou quatre œufs d'un bleu pâle, légèrement verdâtre et sans aucune tache. Le grand diamètre varie de $0^m,06$ à $0^m,065$, et le petit, de $0^m,042$ à $0^m,044$. Ordinairement un certain nombre de ces nids sont confiés au même arbre ou à des arbres voisins, de manière à former une véritable colonie. Je transcris ici les détails intéressants que je trouve dans le savant ouvrage de M. Gerbe (*Ornithologie Européenne*, tome II, pag. 288) :

« Jadis le héron cendré était beaucoup plus commun en France que de nos jours. Les déboisements, les dessèchements des marais où il trouvait une abondante nourriture, le peu de sécurité qu'il rencontre l'ont chassé de beaucoup de localités où il se reproduisait. Les héronnières de Fontainebleau, si célèbres du temps de François Ier, ont disparu depuis de longues années, et celles, en petit nombre, qui existent tant en Vendée qu'en Champagne, finiront probablement aussi par disparaître.

« Parmi les héronnières que nous comptons encore, la plus remarquable est sans contredit celle qui s'est formée à Champignol, département de la Marne, dans un parc appartenant à la famille de Sainte-Suzanne, et qui s'y maintient grâce à la surveillance active d'un garde spécial.

« M. Lescuyer de Saint-Dizier a fait sur cette héronnière, au congrès scientifique tenu à Troyes en 1864, une communication verbale des plus intéressantes. D'après les procès-verbaux des séances dont M. J. Ray a eu l'obligeance de nous adresser un extrait, les hérons qui forment la colonie de Champignol, habitent la forêt pendant six mois seulement. Leur arrivée et leur départ se font avec une merveilleuse régularité. M. Lescuyer a constaté qu'ils arrivent tous les ans à la héronnière, le 6 mars et qu'ils l'abandonnent le 6 août.

« Pendant le séjour qu'ils y font, on les voit s'éloigner tous les soirs pour aller à la recherche de leur nourriture, et leurs excursions nocturnes s'étendent quelquefois à trois ou quatre kilomètres au loin; le nombre des individus qui la composent, en y comprenant les jeunes, s'élève à peu près à un millier. M. Lescuyer a compté cent soixante-douze nids dans moins d'un hectare, et a constamment vu, debout, sur chacun d'eux, un héron faisant sentinelle. Le seul arbre sur lequel il soit monté supportait huit de ces nids. Ils étaient construits en plate-forme, avec des bûchettes se croisant, et contenaient en tout vingt-huit petits. La population de ce seul arbre, en tenant compte des pères et des mères, était donc de quarante-quatre individus. »

Je lis dans Belon (*Nature des oiseaux*, p. 189) un passage curieux qui confirme l'opinion émise par M. Gerbe, qu'autrefois le héron cendré se reproduisait dans nos contrées en beaucoup plus grand nombre qu'aujourd'hui : « En basse Bretagne, les hérons sont moult fréquens, où ils font leurs nids sur les rameaux des arbres des forêts de haulte fustaye et pour ce qu'ils nourrissent leurs petits de poissons, et qu'en les abêchant, grande quantité en tombe par terre : plusieurs ont prins occasion de dire avoir esté en un pays où les poissons qui tombent des arbres engraissent les pourceaux. »

Le même auteur (liv. III, p. 189) décrit ainsi les anciennes héronnières de Fontainebleau : « Entre les choses notables de l'incomparable dompteur de toutes substances animées, le grand roy Françoys, fit faire deux bastimêts, qui durent encore à Fontainebleau, qu'on nomme les héronnières. Il sembloit que les éléments mesmes et les qualitez têperées d'iceux, obéissent à ses commandements : car de forcer nature, c'est ouurage qui se resentenir de quelque partïe de diuinité. Aussi ce divin roy, que Dieu absolue, auoit rendu plusieurs hérons si aduïts, que venants de sauuage, entrants seans, comme par un tuyau de cheminée, se rendoient si enclins à sa volonté, qu'ils y nourrissoyent leurs petits. L'on dit communement que le héron est viande royale. Par quoy la noblesse françoyse fait grand cas de les manger, mais encore plus des héronneaux. Toutefois les estrangers ne les ont en si grande recommandation. »

D'après les observations de M. Lescuyer (pag. 35), les dimensions des nids du héron gris sont considérables; celui que ce savant a mesuré avait un mètre de diamètre, trente centimètres d'épaisseur, et son poids était de neuf kilogrammes cinq cents grammes.

Les hérons semblent prendre en affection les arbres qui ont servi de berceau à leur progéniture, et tant qu'ils séjournent dans la même localité, ils aiment à se réunir avec leurs petits sur les arbres auxquels ils avaient confié leur nid.

La vie des hérons serait très-longue si l'on admettait comme vrai un fait rapporté par la *Gazette* (année 1723, pag. 255). Le voici : « L'empereur d'Autriche chassant au mois de mai 1723, prit un héron au pied duquel on trouva un anneau qui lui avait été mis en 1651 (c'est-à-dire soixante-douze ans auparavant) par Ferdinand III, aïeul de Sa Majesté impériale. On l'ôta pour en mettre un autre avec cette inscription : *Pris par Charles VI en* 1723, puis on le relâcha. »

M. Lescuyer que j'ai le plaisir, comme je l'ai déjà dit, de compter parmi mes honorables amis, a eu la bienveillance de m'adresser, en janvier 1869, une épreuve d'une étude très-intéressante et très-complète sur le héron gris et sur la héronnière d'Écury-le-Grand : ce travail est extrait de l'*Annuaire des provinces*, année 1869 (chez Blanc-Martel, libraire à Caen) ; il rectifie et complète le rapport de M. Ray, cité précédemment, d'après M. Gerbe.

M. Lescuyer démontre par une série de faits et par des observations d'une logique rigoureuse, que les hérons sont des oiseaux très-utiles et que, comme beaucoup d'autres, ils sont les victimes d'injustes préjugés ; que si ces oiseaux causent quelquefois un léger préjudice aux intérêts des propriétaires et des pêcheurs, ce préjudice est largement compensé par les incontestables services qu'ils rendent ; que dans ce cas même ils sont de précieux auxiliaires prélevant un mince salaire pour un travail pénible et persévérant. M. Lescuyer a vérifié les assertions des anciens naturalistes, et constaté que le héron gris se nourrit de vipères, de couleuvres, de grenouilles, de mulots, de rats d'eau, de campagnols, de plantes marécageuses et de cadavres de petits mammifères et d'insectes en putréfaction (page 9). L'auteur prouve que dans les environs de la héronnière d'Écury-le-Grand, les vipères sont très-rares, tandis qu'elles pullulent dans les autres localités au point qu'un seul villageois, le sieur Rozier de Saint-Blin, a eu pour sa part dans une seule année 1,400 francs de primes pour la destruction de ces reptiles. De plus, les hérons combattent la trop grande multiplication des couleuvres, des lézards, qui détruisent les œufs des oiseaux insectivores ; celle des grenouilles, des crapauds qui dévorent beaucoup d'œufs de poissons, surtout ceux de la carpe qui sont déposés sur les herbes marécageuses parmi lesquelles vivent les batraciens ; enfin, ils purgent les eaux des cadavres d'insectes et d'animaux qui périssent en très-grande quantité, ainsi que des bavures, des suintements, des déjections de toute nature qui exercent une influence mauvaise sur la qualité des eaux ; d'où résulte évidemment que le héron gris rend des services incontestables.

M. Lescuyer a donc ainsi défendu les véritables intérêts des propriétaires contre eux-mêmes, et réhabilité les hérons dans l'esprit de tous ceux qui étudient l'histoire naturelle sans aucune prévention et avec le seul désir de trouver la vérité. L'opinion défendue avec une conviction profonde par mon honorable ami n'est pas nouvelle, car Buffon constatait en son temps, que les insulaires de Taïti professaient pour le héron un respect qui tenait de la superstition, que de plus, cet oiseau était protégé en Angleterre, enfin que dans l'ancienne loi mosaïque (Deutéronome, chap. XIV, verset 16) il était interdit de manger l'ibis et le héron; or l'ibis, auquel le héron semble assimilé par le texte hébreu, était reconnu comme un oiseau sacré par les Égyptiens, et quoiqu'il se nourrît en partie de poissons, les services qu'il rendait lui avaient mérité les honneurs de l'embaumement, comme à tous ceux dont la vie avait été utile et dont la mémoire n'avait pas été flétrie au tribunal de l'opinion publique.

HÉRON POURPRÉ. — ARDEA PURPUREA.

Le héron pourpré est presque de la taille du héron cendré ; il en diffère quant aux nuances de son plumage auxquelles il doit son épithète vulgaire. C'est l'un des plus beaux et des plus élégants oiseaux de l'Europe. Cependant par sa démarche et par ses poses il paraît encore plus stupide que le héron cendré ; il se laisse aussi plus facilement approcher que le précédent.

Voici ce que je lis dans la *Faune Pontique* de M. Nordmann : « Étant peu chassé dans nos parages, le héron pourpré ne montre aucune défiance. A l'approche de l'homme il ne prend pas la fuite, mais il cherche à se soustraire aux regards par toutes sortes de gestes bizarres et de postures contraintes. »

Le héron pourpré est beaucoup plus commun en Anjou que son congénère ; il s'y reproduisait en assez grand nombre, il y a quelques années; mais la chasse persévérante que lui ont faite les propriétaires et les fermiers des étangs et des rivières, sous prétexte que ces oiseaux dépeuplaient leurs cours d'eau, ont détruit presque toutes les héronnières. J'ai visité avec plaisir plusieurs fois celle qui se trouvait dans l'étang de Chaloché; M. Gaignard de la Renloue offrait avec une grande bienveillance une gracieuse hospitalité aux ornithologistes qui désiraient étudier *en plein soleil* la nidification des hérons, et pour leur faciliter cette étude, il faisait transporter sur une charrette, à plus de deux kilomètres de distance de son habitation, le bateau destiné à pénétrer au milieu des jones sur lesquels reposaient les nids. Ces joncs, d'une hauteur de plusieurs mètres, formaient un assez vaste bouquet vers le milieu de l'étang. Les nids, au nombre de douze à quinze, se trouvaient réunis au centre des joncs. Ils étaient formés par ces mêmes joncs repliés les uns sur les autres en forme d'entonnoir. Les bords extérieurs de cette espèce de coupe, très-apparente pendant les premiers jours de l'incubation, disparaissaient bientôt sous le poids de la couveuse, et plus tard le nid ne présentait plus qu'une coupe aplatie.

L'étang principal de Chaloché est entouré de très-grandes landes qui se déroulent en ondulant sur une superficie considérable. Il est donc très-difficile d'approcher de cet étang sans être aperçu par les hérons, dont quelques-uns sont toujours en sentinelle dans un des arbres plantés sur la rive gauche. Dès que la sentinelle pousse le cri d'alarme, toutes les femelles s'envolent précipitamment et vont se réfugier dans les arbres. C'est là que plusieurs fois j'ai pu examiner à loisir la pose si singulière que prennent les hérons pour monter de branche en branche, et même pour rester immobiles dans la même position. Ils se tapissent en quelque sorte de manière que tout leur corps, y compris le cou et le bec, représente une ligne droite ; c'est dans cette singulière position qu'ils avancent les pattes l'une après l'autre, pour s'appuyer sur les branches et monter comme pourrait le faire un homme dans une échelle bien perpendiculaire.

Chacun des nids que j'ai visités contenait de trois à cinq œufs d'une couleur bleue uniforme, mais un peu plus verte que celle de l'espèce précédente. Le grand diamètre était de 0m,055 à 0m,058, et le petit, de $0^m,035$ à $0^m,04$. La couleur de ces œufs s'efface très-facilement au contact de l'air et sous l'action du temps: ils prennent alors une teinte qui permet trop souvent aux marchands de les vendre pour des œufs d'Autour.

HÉRON AIGRETTE. — ARDEA EGRETTA.

Le héron aigrette et le héron garzette composent, dans beaucoup d'ornithologies, un genre qui se distingue des hérons proprement dits, par des formes plus sveltes, un bec plus mince et moins élevé à la base, par des jambes dénudées encore sur une plus grande étendue, enfin par leur plumage entièrement blanc dans toutes les saisons et par les aigrettes que forment au printemps les plumes du dos et les scapulaires; plumes qui alors atteignent et dépassent même l'extrémité des ailes et présentent des barbes décomposées et filiformes. Le héron aigrette a l'occiput dépourvu de plumes *extraordinairement allongées*, tandis que celui du héron garzette est orné de deux plumes longues et étroites; cette différence, jointe à celle de la taille, sert à distinguer les deux espèces. D'après la dernière explication que je viens de donner, il est évident que le mot *aigrette* ne doit pas être pris ici dans son acception ordinaire, puisque le héron blanc ne porte pas une aigrette, au sens que l'on donne communément à ce mot, c'est-à-dire comme synonyme de huppe, quoiqu'il ait des plumes occipitales un peu plus ou moins allongées.

Le héron aigrette, *ardea egretta*, habite le sud-est de l'Europe et le nord de l'Afrique; il manifeste très-rarement sa présence dans l'ouest de la France et dès lors dans notre département. Toutefois plusieurs sujets y ont été remarqués, et l'un d'eux tué, au moment de la grande inondation de la Loire en 1856, près de la Daguenière, fait partie de la riche collection ornithologique de notre musée. Monté avec un soin tout particulier par notre habile préparateur, M. Deloche, il est un des oiseaux qui attirent et fixent l'attention des amateurs. Ce héron a une taille plus élevée encore que celle du héron pourpré et même que celle du héron cendré. La taille du premier ne dépasse pas $0^{m},80$ à $0^{m},82$ ni celle du second $1^{m},05$ à $1^{m},07$, tandis que le héron aigrette du Musée atteint $1^{m},12$ de hauteur.

Ce héron a séjourné pendant plusieurs jours dans la localité où il a été tué; il manifestait une excessive défiance, et c'est au zèle persévérant de M. Deloche, auquel la présence de cet échassier avait été signalée, que le Musée doit cette richesse qui nous a été si souvent enviée. M. Deloche s'était transporté à la Daguenière et avait promis aux chasseurs de canards une forte récompense s'ils lui apportaient l'objet de ses désirs. Après avoir déjoué pendant longtemps les embûches des chasseurs, il est enfin tombé sous le plomb d'un domestique attaché au service d'un moulin.

Je reviens à l'étymologie du mot *aigrette :* Belon et après lui Ménage font dériver *aigrette*, dans le sens de « touffe de plumes », de *aigrette* « sorte de héron », à cause que cet oiseau porte en effet une aigrette. Cette explication me semble reposer sur un cercle vicieux, mais pour en sortir, les auteurs que je viens de citer pensent que l'aigrette a été ainsi nommée à cause de l'aigreur de sa voix ; ce serait alors revenir d'une manière indirecte à l'étymologie du mot héron, *raucum esse*, « avoir le cri rauque. » Mais Diez rapproche avec raison ce mot de l'italien *aghirone*, du provençal *aigron*, en patois du Berry, *égron* (*Dict. de Littré*). *Aigre* lui-même a pour étymologie *acer*, en latin, AKROS, en grec, signifiant « pointu, » de AKIS, AKÉ, « pointe. » Or dans l'ancien français « aigre » a souvent le sens de « vaillant » comme *acer* en latin. D'où il me semble résulter que l'épithète donnée à ce héron ne signifie pas qu'il a une aigrette, une touffe de plumes comme ornement de son occiput, puisqu'il en est presque dépourvu, mais que les plumes du dos et que les scapulaires, chez les adultes en plumage de noces, sont à tige *épaisse*, *raide*, à barbes décomposées et *filiformes* et dès lors très-pointues comme un faisceau d'aiguilles, ce qui est le signe caractéristique de cette espèce, puisqu'elle est la seule dont les plumes ne se recourbent pas vers la pointe. C'est alors une aigrette en ce sens que les plumes qui composent l'ornement de ces hérons au moment du printemps restent *inflexibles* et semblent former un faisceau d'aiguilles, de pointes acérées.

Quelle que soit l'opinion que l'on se forme sur ces hypothèses, leur exposé procure évidemment, la connaissance d'un caractère spécial des plumes du héron aigrette.

Ces plumes sont très-recherchées dans tout l'Orient; les Persans, les Turcs et les autres peuples de ces contrées aiment à les employer comme un ornement de leur turban et elles deviennent ainsi le signe distinctif des puissants et des riches.

Avant que les chapeaux ne fussent en usage, la noblesse française ornait assez souvent avec des plumes du héron aigrette un côté du bonnet qui lui servait de coiffure. De nos jours les dames et même quelques fashionnables ont remplacé les anciennes aigrettes par des plumes de geai ou de paon; est-ce un symbole, est-ce un progrès de nos mœurs?

Les hérons aigrettes se reproduisent dans les terrains marécageux; la femelle pond dans un nid formé de roseaux repliés, ou même sur quelques arbres émondés et plantés sur les bords des marais, trois ou quatre œufs d'un vert bleuâtre et très-pâle. Ces œufs n'ont aucune tache; leur grand diamètre est de $0^m,055$ à $0^m,058$, et le petit, de $0^m,04$ à $0^m,042$.

Charles Bonaparte appelle le héron aigrette, *egretta alba* et *nigrirostris*. Cette dernière épithète indique que le bec jaune de cet échassier a l'arête et le bout d'un noir foncé, couleur qui fait ressortir encore d'une manière plus sensible l'éclatante blancheur des plumes de la tête et de tout le corps de ce bel échassier.

HÉRON GARZETTE. — ARDEA GARZETTA.

Ce héron, beaucoup plus petit que les précédents, traverse l'Anjou assez régulièrement, chaque année; il y séjourne pendant quelque temps pour se diriger vers les pays qu'il habite tour à tour, les bords de la mer Noire, les contrées méridionales de l'Europe et le nord de l'Afrique. Il se reproduit dans les îles du Danube où il niche en assez grandes colonies, ainsi que dans certaines contrées de l'Espagne et de l'Afrique.

Son nom dérive du mot espagnol *garza* servant à désigner le héron. « Les Portugais, dit Cadamosto (*Hist. générale des voyages*, t. II, p. 291), appelèrent les îles désertes du golfe d'Arguin, au cap Blanc, *isola das Garzas* ou îles aux Hérons, parce qu'ils y trouvèrent tant d'œufs de ces oiseaux qu'ils en remplirent deux barques. » Pour obtenir un pareil résultat, il fallait que les deux barques fussent bien petites ou que les hérons fussent bien nombreux et qu'il y eût une colonie composée des grandes espèces, car les œufs du héron garzette sont bien petits pour pouvoir suffire à remplir des barques ; leur longueur varie de 0m,045 à 0m,048, et leur diamètre de 0m,03 à 0m,035. La femelle en pond de trois à cinq sur un nid préparé au milieu des grands joncs ; leur couleur uniforme est d'un bleu verdâtre très-pâle ; ils présentent une particularité qui sert à les distinguer de ceux de quelques autres espèces : ils sont pointus aux deux bouts.

Ces îles désertes du golfe d'Arguin sont situées sur les côtes du Sahara, au nord des îles du Cap-Vert ; elles sont entourées de récifs dangereux, sur lesquels vint naufrager, en 1816, la frégate la *Méduse ;* ah ! si l'équipage infortuné de ce navire avait eu, comme les Portugais, la ressource des œufs de hérons, que de victimes de moins la France aurait eu à inscrire sur la liste formée par ce terrible drame !

Dans le récit du voyage d'Adanson au Sénégal (pag. 80), je trouve un passage qui justifie la relation du voyage de Cadamosto, et qui prouve la justesse de l'hypothèse que j'avais formulée, en supposant que les hérons se réunissent non-seulement pour nicher par colonies très-nombreuses, mais encore que ces colonies générales sont elles-mêmes subdivisées en colonies particulières composées de beaucoup d'espèces de hérons. Voici ce passage qui démontre aussi que l'extrême défiance que manifestent, dans nos contrées, les hérons, ne leur est pas naturelle, mais qu'elle est chez eux, comme chez tous les autres oiseaux, le résultat des poursuites auxquelles ils sont condamnés par les hommes, qui croient trouver en eux des concurrents redoutables pour la pêche.

« On arriva le 8 à Lammai, petite île sur le Niger ; les arbres étaient couverts d'une multitude si prodigieuse de hérons de toute espèce, que les Laptots qui entrèrent dans un ruisseau dont cette île était alors traversée, remplirent en moins d'une demi heure, un canot, tant des jeunes qui furent pris à la main ou abattus à coups de bâton, que des vieux dont chaque coup de fusil faisait tomber plusieurs douzaines. Ces oiseaux sentent un goût d'huile de poisson qui ne plaît pas à tout le monde. »

C'est dans ces contrées et en société avec le héron garzette que se trouve une autre espèce de héron qui ne visite pas notre Anjou, mais dont il me serait pénible de ne pas raconter les mœurs, d'une manière au moins sommaire, comme une preuve touchante de la providence de Dieu et de sa tendre sollicitude envers les animaux.

Les habitudes du héron *bubulcus* ou *garde-bœuf* sont beaucoup plus diurnes que celles de ses congénères ; cet échassier fréquente les pâturages où séjournent les troupeaux de buffles ; il aime à suivre ces animaux pour capturer les vers et les insectes qui sortent de terre sous la pression exercée par leur marche ou par leur course pesante. De plus, il se tient très-souvent sur le dos des buffles, descend et remonte le long des flancs de ces animaux, en s'accrochant par ses ongles à leur cuir épais ; dans cette visite, il imite le pic-vert quand celui-ci grimpe autour des arbres, il s'appuie sur les pennes de sa queue ; pendant ces investigations, le garde-bœuf distribue des coups de bec à droite et à gauche, par devant, par derrière, avec une grande énergie, et les buffles se prêtent très-volontiers à cette manœuvre, parce qu'elle a pour but de les délivrer des insectes qui s'attachent à leur peau, la pénètrent même et leur occasionnent de cuisantes douleurs auxquelles le héron met fin en tuant et en mangeant ces ennemis.

Là ne s'arrêtent point les services que le garde-bœuf rend à ses pourvoyeurs. Pendant que les buffles sont occupés à paître dans les immenses prairies où ils vivent par bandes innombrables, ils se trouvent exposés aux attaques des ennemis dont ils ne peuvent constater l'approche, lorsque leur pesante tête tond l'herbe qui leur sert de nourriture. C'est alors que le héron, debout sur le dos de ces animaux, le cou tendu et l'œil au guet, remplit le rôle de sentinelle dévouée et vigilante, et dès que les hautes herbes des savanes se courbent sous les bonds du lion ou sous ceux de la panthère, ou dès qu'elles s'inclinent à droite ou à gauche pour laisser se dérouler les sillons tracés par le pas des chasseurs, le héron garde-bœuf pousse un cri strident, et aussitôt tous les buffles s'enfuient, avec la plus grande rapidité, du côté où leur gardien s'est envolé, c'est-à-dire du côté opposé à la marche de leurs ennemis. Bien des fois les chasseurs ont maudit la vigilance du héron garde-bœuf qui les privait d'une proie qu'ils poursuivaient depuis longtemps, en ayant recours à toutes sortes de ruses presque toujours déjouées par une aussi infatigable sentinelle.

C'est à cette habitude que le héron *garde-bœuf* doit son nom; mais quelque expressif qu'il soit, je lui préfère de beaucoup celui sous lequel les Arabes le distinguent; ils le nomment *abou ghanam*, c'est-à-dire le *père aux troupeaux.* Il veille effectivement sur les buffles avec une sollicitude paternelle que rien ne peut fatiguer, et qui a inspiré ces plaintes à Adolphe Delelorgue dans le récit de ses voyages et de ses chasses aux buffles : « Il n'y a point d'oiseaux au monde que j'aie autant maudits que les *hérons garde-bœuf.* »

Cet échassier est comme son congénère un oiseau très-élégant et très-gracieux ; comme lui aussi il semble prendre plaisir à relever plusieurs fois de suite et avec une grande vivacité le panache flexible de son aigrette.

HÉRON BIHOREAU. — ARDEA NYCTICORAX.

Le bihoreau, dont le nom a exercé si longtemps ma patience et m'a imposé de si persévérantes recherches, est peut-être l'oiseau le plus gracieux de toute la famille des hérons ; ses longues plumes noires, qui partent de l'occiput pour retomber en flottant sur le dos, sont très-recherchées pour entrer dans la composition des panaches. Le bihoreau visite notre département d'une manière régulière ; il y séjourne même assez longtemps dans les marais de l'Authion et dans ceux de la Maine. Comme la plupart de ses congénères, il est semi-nocturne et commence sa chasse de prédilection, aux poissons, aux batraciens, aux insectes aquatiques, vers le coucher du soleil. C'est alors que, dans sa course au milieu des terrains marécageux parsemés d'arbres et de buissons qui servent à dissimuler sa présence, il fait entendre un cri enroué, *ka-ka-ka*, qui lui a mérité l'épithète *nycticorax*, de NYXS, NYKTOS, « nuit » et de CORAX, « corbeau, corbeau de nuit, corbeau nocturne. » Ce cri lugubre, devenu encore plus sinistre par le moment où il se fait entendre et par les lieux d'où il s'échappe, a été comparé aux vomissements d'un homme se débattant contre les étreintes de la mort, aux soupirs d'une personne qu'on étouffe et qui dès lors crie au secours; c'est le râle déchirant des mourants. Ce cri, qui avait été constaté par quelque naturaliste, à une époque bien éloignée de la nôtre, avait engagé ce savant à représenter ces soupirs étouffés du héron par une expression caractéristique, et il l'avait désigné par le mot *Bihoreau*. Ses successeurs ont adopté la même épithète, sans se rendre compte de sa signification, et dès lors, grande difficulté pour la retrouver. Maintenant que j'en ai rencontré le sens véritable, il me paraît être un peu comme la route d'Amérique après le voyage de Christophe Colomb!

Selon plusieurs anciens auteurs, *Bihore*, *Bihorre*, est un mot par lequel on invoque le secours public, formé de *Bia-Hora*, clameur qui s'entend au loin, ou de *Bia-fora*, crier « au meurtre, à l'assassin. » *Bia* est pour *via*, « voie, chemin, » et *Fora*, « sortez, au secours, allez, venez dehors ; » en latin, *via foras*. (Du Cange.)

Le *Registre du Connétable de la Bourgogne* (fol. 92), constate que les habitants de cette province étaient obligés de sortir de leurs maisons quand ils entendaient crier *Biafora!* de prendre leurs armes et de se mettre à la disposition des autorités locales : « *Et tenentur venire ad clamorem* BIAFORA *cum armis et sequi præpositum.* »

Je joins ici quelques textes confirmant les assertions précédentes : « *Biaforo* est crida à mort ; *Biaforo*, crier aux alarmes, au meurtre. »

« Lequel Galabert s'escrya à haulte voix à *Biafforo*, qui est un mot du langaige du païs (Gascogne) disant qu'il estoit mort. »

« Le suppliant soy sentant ainsi navré et blecé du dit coup, cria à haulte voix, *Bihore*, *Bihore*, au dit Martin son maistre, disant qu'il estoit mort. » (*Glossaire français* de Du Cange.)

Il me semble donc suffisamment prouvé que l'épithète *Bihoreau* a été donnée au héron qu'elle détermine pour rappeler son cri, caractère qui le distingue de ses congénères, tout en le rapprochant du *Butor*.

Le Bihoreau niche dans les marais, parmi les joncs, et quelquefois sur la tête des arbres émondés qui se trouvent sur les bords des terrains marécageux. La femelle pond de trois à cinq œufs d'un bleu pâle, verdâtre et sans taches. Le grand diamètre varie de $0^m,048$ à $0^m,05$, et le petit, de $0^m,034$ à $0^m,036$.

En Anjou, les pêcheurs donnent au Bihoreau le nom de *Roupeau.* Cette dénomination paraît être très-ancienne, car elle était connue du temps de Belon ; et Aldrovande (*Ornith.*, liv. XX, ch. x) donne les motifs de ce nom vulgaire : « Roupeau *a rupibus in quibus nidificat ad Oceanum Gallicum*, *teste Petro Bellonio* ; appelé *Roupeau* du nom des rochers sur lesquels il niche près la mer de France, comme l'atteste Pierre Belon. »

HÉRON CRABIER. — ARDEA RALLOIDES.

Le héron crabier est commun dans l'Europe méridionale et orientale, ainsi que dans le nord de l'Afrique ; il traverse notre département d'une manière assez irrégulière, et ne s'y arrête que très-rarement. Ce héron se distingue de ses congénères par les nombreuses plumes allongées et linéaires qui tombent de son occiput et forment une espèce de huppe, ou plutôt de touffe très-épaisse. Il est d'un caractère plein d'audace, et lorsqu'il attaque avec une grande énergie ses ennemis, ou qu'il se trouve sous l'empire de la crainte ou de la colère, il relève cette touffe épaisse, qui se développe alors sur sa tête comme une huppe échevelée et lui donne un air terrible. Est-ce cette habitude que les naturalistes ont voulu retracer en désignant ce héron par l'épithète de *crabier?* Ce mot dérive du latin *carabus,* qui lui-même vient de Karabôs, dont la racine est Kéras, « corne ». L'adjectif *crabier* indiquerait alors que dans les moments d'irritation, les plumes occipitales de cet oiseau se dressent sur sa tête et se replient vers leur extrémité de manière à représenter des cornes recourbées. Cette hypothèse peu plausible pourrait cependant s'appuyer sur l'opinion de plusieurs auteurs qui désignent le héron crabier sous le nom de *comata* ou héron à longue chevelure ou *héron chevelu ;* César appelait *Gallia comata, « Gaule chevelue, »* celle où les peuples portaient de longs cheveux, expression qui a pour racine *comata,* de KOMÊ, principe du mot *comète.* La véritable racine de *crabier* est KARABÔS signifiant « langouste, homard, crabe » et indiquant quelle est la nourriture ordinaire de ce héron qui vit de mollusques maritimes et fluviatiles. Quant au mot *ralloides*, il est composé de *rallus*, mot de basse latinité signifiant « râle », et du grec EÏDOS, « forme, oiseau qui ressemble au râle, » cette dernière dénomination me paraît très-exacte et indique la différence qui existe entre le crabier et les hérons précédents. Le crabier se perche très-rarement : il se tient presque constamment dans les marécages parsemés de longues herbes et de petits joncs, entre lesquels il se glisse avec rapidité en courant à la manière des râles, dont il se rapproche encore par ses tarses très-peu élevés. Le Crabier est d'un naturel peu farouche. Il paraît aimer beaucoup la société de ses congénères : aussi le trouve-t-on souvent avec d'autres espèces. Il niche dans les joncs et dans les herbes des endroits marécageux. La femelle pond de trois à cinq œufs d'un bleu vert très-clair, dont le grand diamètre varie de $0^m,038$ à $0^m,04$, et le petit, de $0^m,028$ à $0^m,03$.

Plusieurs des hérons crabiers tués dans notre département n'avaient pas le même nombre de plumes occipitales ; il serait intéressant de vérifier si le nombre de ces plumes augmente avec l'âge des sujets. La couleur noirâtre de ces plumes tranche avec le reste du plumage, qui est blanc.

HÉRON BUTOR. — ARDEA STELLARIS.

Plusieurs auteurs appellent ce héron le *butor étoilé,* pour le distinguer d'une autre espèce qui est très-commune sur les rives de la baie d'Hudson, en Amérique. Dans la nombreuse famille des hérons, chaque espèce forme presque un genre; celle-ci se distingue des précédentes par ses tarses plus courts, par un cou médiocre et par des doigts longs et forts. Le cou est couvert en arrière d'un duvet fin, et en avant, de plumes longues et flottantes qui donnent à cet oiseau, quand il prend certaines poses, un air stupide très-remarquable. Le héron butor se reproduit en Anjou. Il passe la plus grande partie de la journée perché sur les branches des arbres plantés dans les lieux marécageux, et quelquefois même appuyé, dans une posture grotesque, sur des roseaux. Il ne chasse que le soir, et non-seulement il vit de poissons, de batraciens et d'insectes aquatiques, mais il visite encore les bois dans lesquels il poursuit les mulots et les souris, qu'il attend, avec patience, à sortir de leurs trous ou à y pénétrer; on lui reproche de faire quelquefois la guerre aux petits oiseaux et à ceux qui sont blessés ou malades. Ce héron est plus solitaire et plus défiant encore que ses congénères. Il manifeste chaque année sa présence dans les vastes marais d'Écouflant, près Angers; c'est là qu'en se promenant le soir, à l'époque du printemps, sur les bords de la Maine, on peut entendre le cri de cet oiseau, cri qui ressemble au mugissement prolongé d'un taureau: c'est à cette habitude qu'il doit son épithète *butor*, formée du vieux mot latin *butorius*, que l'on fait dériver de *bos-taurus*, « bœuf-taureau. » Gmelin l'appelle *ardea botaurus*, et Belon dit: « Qu'il n'y a bœuf qui put crier si haut. » En Anjou, les habitants des bords des rivières l'appellent le *bœuf*, le *buard*. Le cri du butor peut, au printemps, lorsque l'air est calme, être entendu à deux kilomètres de distance. Quelques naturalistes prétendent que pour produire ce mugissement si singulier et si sonore, le butor enfonce son bec dans l'eau. Cet échassier a des formes peu gracieuses et des mœurs peu sympathiques; de plus, il est excessivement dangereux de s'approcher de lui quand il est blessé, car il vise toujours à crever les yeux de son adversaire, et il agit en cela d'une manière sournoise et dissimulée. Pour tous les motifs que je viens d'énumérer, l'adjectif *butor* convient parfaitement à cet échassier, puisque ce mot désigne ordinairement un être maladroit, grotesque et brutal.

Quant à la dénomination *stellaris*, « étoilé », elle peint d'une manière expressive la variété de son plumage, qui est émaillé de taches noires, sur un fond jaunâtre, et semées transversalement. Scaliger, cité par Buffon (édition in-4°, t. VII, p. 416), prétend que « les épithètes *stellaris* et *asterias* qui désignent le butor, paraissent tirer leur origine de l'essor que chaque soir il prend vers les astres et par lequel il semble se perdre sous la voûte des étoiles, plutôt que des taches de son plumage disposées en pinceaux et en étoiles. »

Belon (*Hist. des oiseaux*, p. 193) prend le mot *butor* dans le sens d'indolent, de paresseux, parce qu'il dit avec raison que le butor manifeste pendant toute la journée une incroyable insouciance, et qu'il ne paraît se réveiller de sa léthargie diurne que lorsque le soleil cache sa lumière. Voici le passage de cet auteur : « Le butor, cheminant, va plus lentement qu'on ne saurait dire, et est appelé par Aristote *lourd* et *paresseux*, et était aussi nommé *Phoix*, d'un esclave paresseux nommé *Phoix*, qui fut transformé en butor; encore pour aujourd'hui le vulgaire se ressent de son antiquité sur ce passage, qu'en injuriant un homme paresseux pense l'outrager que de le nommer *butor*. »

Molière a employé ce mot au féminin : « Est-ce, madame, qu'à la cour une armoire s'appelle une *garde-robe?* — Oui, *butorde*, on appelle ainsi le lieu où l'on met les *habits*. » (*La comtesse d'Escarbagnas*, scène III.) Marot, dans son Églogue au roi, a rendu d'une manière très-expressive la puissance du cri du héron butor :

J'oy d'autre part le piverd jargonner,
Siffler l'écousfle et le butor *tonner*.

Écousfle était dans l'ancien français le nom donné au Milan. Aldrovande (*Ornithologie*, liv. XX, chap. XXVI) dit que le butor est appelé *trombone* dans plusieurs localités de l'Italie, parce que le cri de cet oiseau rivalise avec le son d'une trompette : « *In quibusdam Italiæ locis* TROMBONE *dicitur a voce tubæ sonum æmulante.* »

Le butor niche au milieu des touffes de roseaux qui poussent dans les prairies marécageuses d'une grande étendue; son nid est très-bien caché, et il est très-difficile de pouvoir y parvenir avant que les petits ne soient envolés. On ne peut fouiller ces touffes de roseaux que lorsque les herbes qui les entourent sont fauchées, et alors il est trop tard pour capturer les œufs. Aussi pendant longtemps ces œufs ont-ils été rares, et beaucoup d'auteurs n'ont-ils pu en déterminer ni les dimensions ni la couleur. M. Dégland était tombé lui-même dans une véritable erreur sur la couleur de ces œufs; son savant continuateur, M. Gerbe, s'est empressé de la rectifier. Cette erreur était d'autant plus facile à commettre que tous les œufs des espèces que nous avons décrites sont d'une couleur bleu uniforme et plus ou moins foncé; celle des œufs du butor, au contraire, retrace un peu les teintes de l'ensemble de son plumage : elle est d'un jaune pâle et uniforme ; quelques-uns sont d'une couleur beaucoup plus foncée; le nombre de ces œufs varie de trois à quatre, le grand diamètre de $0^m,05$ à $0^m,052$, et le petit, de $0^m,034$ à $0^m,036$.

HÉRON BLONGIOS. — ARDEA MINUTA.

Malgré toutes les difficultés que j'ai rencontrées dans l'explication des mots qui désignent plusieurs espèces de hérons, je suis obligé de dire avec le poète : « *In cauda venenum*, — Je rencontre le poison à la fin », car je me trouve en terminant la famille des hérons en présence d'une expression française dont je n'ai pu entrevoir d'une manière satisfaisante l'étymologie. Tous les auteurs donnent à cette espèce l'épithète *blongios*, sans qu'aucun d'eux ait laissé même soupçonner le motif de cette dénomination. Mais avant d'exposer quelques détails sur les mœurs de cet oiseau, j'indique d'une manière sommaire la racine du mot *lentigineux*, *lentiginosa*, servant à caractériser une espèce de héron d'Amérique dont la présence aurait été signalée en Anjou ; les nuances de son plumage se rapprochent de celles du butor, et c'est à ces nuances qu'il doit ses noms qui dérivent de *lentigo*, signifiant *marbrure, rousseur,* mot qui a lui-même pour racine *lens, lentis, lentille*. Ce n'est toutefois qu'avec la plus grande réserve que je mentionne la présence du heron lentigineux en Anjou. Heureusement qu'en ce qui concerne l'ornithologie on ne peut craindre d'être poursuivi pour fausses nouvelles, et cependant je prends mes précautions afin de ne pas me montrer trop téméraire.

Je reviens au héron Blongios désigné sous l'épithète *minuta*, « petit, » parce que cette espèce est la plus petite de toutes celles qui visitent l'Europe. Beaucoup de naturalistes l'appellent *Botaurus* ou *Butor minutus*, parce qu'il se rapproche du Butor étoilé par plusieurs traits de ressemblance ; mais il s'en éloigne aussi par beaucoup de caractères : son cou est moins dénudé que celui du Butor ; son plumage jaune est coloré par de longues taches noires longitudinales ; enfin, la livrée du mâle est très-différente de celle de la femelle. Le blongios fait souvent entendre un son étouffé et assez continu. C'est à ce son qu'il doit son nom vulgaire, *filassier* et *pilon*, parce que les pêcheurs l'ont comparé avec beaucoup de justesse à celui que poussent les filassiers quand, avec leur pilon, ils broient le lin ou le chanvre. Sur les rives de la Loire, du côté de Béhuard, de Savennières, etc., le blongios est généralement nommé *come*, et cependant cette expression ne peut être prise dans le sens de huppe car les plumes occipitales de cet oiseau sont très-peu sensibles. Brisson l'a désigné par l'épithète *nævia*, « tacheté, » à cause des belles bandes noires qui se déroulent sur les scapulaires. Le héron blongios arrive au printemps, dans notre département, pour s'en éloigner vers l'automne ; quelques couples y restent toute l'année. Cet échassier est répandu en grand nombre sur les bords de tous les cours d'eau et dans les endroits marécageux. Il niche dans les roseaux, dans les osiers, et sur les têtes des arbres émondés plantés dans les marais. J'ai trouvé les nids de cet oiseau dans les joncs près de ceux de la fauvette rousserolle et de la fauvette effarvate ; ces nids sont composés de petites baguettes et de brins de roseaux desséchés ; quelques-uns sont plats comme des nids de tourterelle, d'autres sont creux en forme d'entonnoir. Aussi est-ce avec un véritable étonnement que j'ai lu ce passage dans Toussenel (*Ornithologie passionnelle*, 1re partie, p. 371) : « Le héron blongios niche à terre, au plus épais des fourrés d'herbes, à l'instar du butor. » Cette affirmation est complétement fausse, du moins en ce qui concerne les habitudes du héron blongios, en

Anjou. J'ai trouvé bien des fois des nids de cet échassier, ils étaient toujours placés de $1^{m},50$ à 2 mètres au-dessus de l'eau ou de la surface de la terre et toujours dans des endroits peu fourrés, de manière qu'il était très-facile de les apercevoir. Voici quelques détails sur le dernier de ces nids que j'ai étudié. Dans le mois de juin 1868, après avoir reçu une aimable hospitalité chez M. le curé de Brissarthe, je me dirigeai avec mon jeune ami, Daniel Métivier, vers la rivière où nous trouvâmes un canot préparé par les soins de M. l'abbé Baillif. Puis, grâce au permis concédé par la bienveillance de M. le Préfet, nous pûmes fouiller toutes les sinuosités du cours de la Sarthe et pénétrer dans les lagunes parsemées de grands roseaux. La chaleur était excessive et l'équipage de l'embarcation avait presque épuisé toutes ses forces, sans avoir fait d'autre découverte que celle de nids de fauvette effarvate, de fauvette rousserolle et de fauvette phragmite, lorsqu'en contournant un petit îlot, j'aperçus à l'extrémité en aval quelques petites buchettes grossièrement réunies et appuyées sur des roseaux, à 2 mètres environ au-dessus de l'eau; elles supportaient deux œufs de héron blongios. Cette courte description peut convenir à presque tous les nids de cet échassier, du moins à ceux que j'ai étudiés dans notre département.

Le père partage avec la mère le soin de l'incubation, et quand la femelle couve les œufs, le mâle veille avec une grande sollicitude sur la couveuse, et c'est cette vigilance même, trop accentuée, qui sert à diriger vers le berceau de la jeune famille les ornithologistes expérimentés. Quand on approche d'un nid dans lequel les petits ont quelques semaines d'existence, tous, au cri du mâle et à l'avertissement donné par la femelle, montent le long des branches ou des roseaux, en s'allongeant de manière à faire de tout leur corps une ligne entièrement droite. Cette posture si extraordinaire et si bizarre est aussi prise par les blongios adultes. Lorsque les petits commencent à sortir du nid, leur corps est couvert d'une peau jaune sur laquelle sont semées de petites touffes d'un duvet de même couleur qui laissent entièrement apercevoir la peau, dont la nuance est peu gracieuse. On dirait une vieille feuille de parchemin sur laquelle seraient appliqués d'une manière irrégulière quelques poils isolés.

Sous tous les nids que j'ai trouvés, j'ai constaté des débris assez nombreux d'arêtes de poissons; observation qui ne peut s'accorder avec le sentiment des naturalistes affirmant que le blongios ne vit que d'insectes aquatiques. Le vol du blongios a quelque chose du moelleux de celui des chouettes : il s'effectue sans bruit. Cet oiseau n'a pas toujours recours au vol pour échapper à ses ennemis, et bien souvent il fuit à travers les roseaux et les herbes avec une rapidité qui le rapproche du râle. Quoique très-petit, il devient dangereux quand il est blessé, et son bec est alors une arme terrible. Un jour que je fouillais les touffes de roseaux si nombreuses, il y a quelques années, sur les bords de l'Authion, j'étais accompagné du garde de Corné, qui dirigeait notre léger bateau. En frappant sur les joncs avec nos rames, nous fîmes envoler un blongios mâle, en sentinelle près de son nid; le garde lui tira un coup de fusil, l'abattit, puis s'élança à terre pour saisir sa victime. Au moment où le garde tendait le bras pour capturer le héron, celui-ci replia en arrière son cou, et le distendant tout à coup avec une rapidité incroyable, frappa de son bec un des doigts du garde et lui fit une blessure assez profonde. Pour se débarrasser de son ennemi, le garde balança le bras quelques instants et finit par faire lâcher prise à son adversaire et le lancer au loin, non sans avoir poussé un cri dont le souvenir ne s'est pas encore effacé de ma mémoire.

La femelle du héron blongios pond de quatre à six œufs oblongs, d'un blanc terne. J'en ai trouvé quelques-uns sur la coquille desquels on voyait quelques taches jaunâtres; leur grand diamètre varie de $0^{m},032$ à $0^{m},035$, leur petit, de $0^{m},022$ à $0^{m},026$. J'ai remarqué que les œufs capturés sur la tête des arbres étaient beaucoup plus ronds que ceux des nids confiés aux roseaux ou aux osiers. Caractère qui semblerait indiquer l'existence de deux races.

Avant de terminer cette étude sur le héron blongios, il m'est impossible de ne pas soumettre au lecteur une hypothèse sur l'étymologie du mot *blongios*, étymologie à laquelle j'avais semblé renoncer en commençant cette notice; mais il m'est si difficile de briser entièrement une vieille habitude, que je consens à mériter, une fois de plus encore, la note de *téméraire*. Le héron blongios vit en grande partie de poissons, malgré l'opinion contraire de quelques naturalistes ; toutes les fois que j'ai trouvé le nid de cet oiseau, des débris de poissons, des arêtes couvraient le terrain situé au-dessous ou près du berceau de la jeune famille. La position constante de ces nids, placés non loin de l'eau ou suspendus sur l'eau, indique par là même, pour les blongios comme pour les autres oiseaux, quelle doit être la nourriture ordinaire de ces échassiers. Sur les bords de la Loire, les pêcheurs donnent au blongios le nom de *come* et désignent par le même mot le derrière de leur bateau, le *sentineau*, le réservoir auquel ils confient les poissons qu'ils capturent ; ces pêcheurs ont donc voulu assimiler par un même mot et le blongios et leur *sentineau ?* Quel serait le motif de cette assimilation, si ce n'est que l'estomac du héron est pour eux une *come* qui recèle beaucoup de petits poissons ? Cette interprétation n'est-elle pas encore justifiée par l'acharnement avec lequel les pêcheurs tuent les blongios et détruisent leurs nids, croyant ainsi faire disparaître de dangereux rivaux ? Enfin, la chair du blongios exhale, surtout quand on fait son autopsie, une odeur très-prononcée d'huile de poisson. Il me semble donc bien constaté que le poisson compose en grande partie la nourriture du héron blongios. Il reste à expliquer comment cet échassier capture sa proie. Le héron blongios est le seul oiseau de tout l'ordre des Échassiers, avec la bécasse, dont le tarse soit emplumé. Cette particularité, très-significative, indique donc que le blongios n'est pas constitué, comme ses congénères, pour pénétrer dans l'eau et là y attendre sa proie, en conservant plus ou moins longtemps une immobilité complète ; de plus, la petite longueur de ses jambes vient encore confirmer mon assertion. Comment alors capture-t-il les poissons ? Le héron blongios imite le martin-pêcheur : il se perche sur les petites branches des arbres plantés près les bords des cours d'eau, ou même sur les roseaux inclinés, et de cet observatoire, il se laisse tomber sur les petits poissons qui passent près de lui. Dès lors ce caractère distinctif, qui ne convient qu'à cette seule espèce et qui la sépare d'une manière très-tranchée de toutes les autres, serait le principe de sa dénomination particulière, et *blongios* ne représenterait qu'une variante du mot *plongios* ou *plon-*

geur ; cette hypothèse, que je propose avec une grande réserve, me sourit beaucoup plus que celle qui donnerait à *blongios,* pour radical le mot *blond*, et s'appuierait alors sur la couleur de cet échassier, sans le déterminer pour cela d'une manière bien précise, car le héron lentigineux et le héron butor sont au moins aussi blonds que le blongios, ou plutôt, les nuances de leur plumage sont d'un jaune plus ou moins prononcé ; puis enfin, la livrée du mâle est entièrement différente de celle de la femelle.

Je termine cette petite étude par une vieille légende angevine.

Il existait autrefois, dans la commune de la Pouëze, un antique manoir dont le seigneur voulut associer à son bonheur et à sa fortune, non pas une riche châtelaine, mais la personne qui saurait fixer son amour et mériter sa sympathie. Après plusieurs années d'attente et de recherches multipliées, le seigneur du Mas, tel était le nom du château, fixa son choix sur une jeune personne dont la modestie égalait la beauté. La demande du comte ne fut pas agréée immédiatement, et la future châtelaine mit pour condition à son consentement, que le seigneur du Mas ne chercherait jamais à voir les pieds de celle qu'il désirait épouser. La condition fut acceptée, et pour qu'elle pût se réaliser entièrement, la jeune comtesse avait toujours des robes un peu plus longues que celles que portent les femmes de nos jours. Le soir, toute lumière était éteinte lorsque les époux devaient regagner le lit conjugal. Le seigneur du Mas qui avait accepté assez facilement la condition qu'on lui avait imposée, imita notre père Adam et plus le fruit était défendu, plus il désirait et plus il cherchait les moyens de satisfaire sa curiosité. Ce désir non réalisé devint pour le comte un tourment qui le déchirait le jour et la nuit ; tant il est vrai que le bonheur ne se rencontre pas souvent sur la terre et moins encore dans le sein de l'opulence que dans celui d'une médiocrité laborieuse ! La promesse que le jeune comte avait faite lui apparaissait, dans ses moments de loisirs si nombreux, comme un fantôme prenant plaisir à torturer son esprit et à enflammer son imagination. Ses jours étaient tristes et ses nuits plus encore ; ses forces s'épuisaient, et ses traits amaigris semblaient annoncer qu'un mal intérieur le poussait vers la tombe. Un soir qu'il avait cherché bien en vain, dans les bosquets de son parc, une distraction à la pensée qui ne lui laissait aucun repos, le comte trouva un vieux serviteur de sa famille, un villageois qui depuis bien des années, venait à chaque automne, passer quelques jours au château, pour *tiller* et préparer le lin récolté dans la réserve du domaine seigneurial. La tristesse du comte ne put échapper à l'œil perspicace du filassier ; celui-ci en demanda la cause avec tant d'instance que le secret lui en fut confié. « Le moyen de satisfaire votre désir est très-simple, dit alors le bon villageois ; veuillez semer de la cendre près du lit conjugal, vous pourrez le lendemain voir très-distinctement l'empreinte des pieds de Madame la châtelaine. » Ce conseil sembla illuminer d'un éclair d'espérance le visage assombri du jeune homme. Il rentra au château et déroula lui-même une couche épaisse de cendre sur la descente de lit, puis il attendit, non sans une véritable anxiété, le moment du coucher. A peine la châtelaine eut-elle mis les pieds sur la cendre qu'elle comprit le stratagème auquel son mari avait eu recours pour éluder la promesse qu'il lui avait faite, et tout à coup elle s'écria d'une voix terrible :

O Mas ! ô Mas !
Tu m'épias,
Tu périras,
Toi et ton Mas !

Puis le château s'affaissa sur lui-même, la terre s'entr'ouvrit et tout disparut. A la place où était la demeure splendide du comte du Mas, il n'existe plus qu'un étang marécageux dans lequel le malheureux filassier, changé en héron blongios, a fixé son séjour forcé, et où il fait entendre, là plus encore qu'ailleurs, des sons entrecoupés et le souffle pénible et prolongé de son ancien métier.

Il ne me reste plus qu'à tirer la morale de cette légende, morale bien facile à déduire. Il est toujours très-dangereux de se laisser séduire par la curiosité, et de chercher à éluder, même indirectement, les promesses que l'on a faites, les engagements que l'on a contractés.

Cette légende me rappelle la métamorphose d'Ardée, ville capitale des Rutules, plus ancienne que Rome, et qui est aujourd'hui un bourg, près de la rivière de Numico, à vingt kilomètres à l'orient d'Ostie.

> ...... Turnusque cadit : cadit Ardea, Turno
> Sospite dicta potens : quam postquam barbarus ensis
> Abstulit, et tepida latuerunt tecta favilla,
> Congerie e media, tum primum cognita, praepes
> Subvolat, et cineres plausis everberat alis.
> Et sonus, et macies, et pallor, et omnia, captam
> Quae deceant urbem, nomen quoque mansit in illa
> Urbis, et ipsa suis deplangitur Ardea pennis.

« Turnus tombe, et avec lui tombe Ardée, célèbre par sa puissance tant que vécut Turnus. A peine a-t-elle été renversée par le fer, à peine ses toits ont-ils disparu sous la cendre brûlante ; soudain, du milieu de ses ruines s'élance un oiseau qu'on vit alors pour la première fois ; il agite ses ailes et soulève autour de lui un nuage de poussière. Ses cris, sa maigreur, sa pâle couleur, tout est l'emblème d'une ville détruite ; il garde même le nom d'Ardée, et semble, par le battement de ses ailes, en déplorer la ruine. » (*Métamorphoses d'Ovide*, liv. XIV, v. 574 et suivants.)

CIGOGNE BLANCHE. — CICONIA ALBA.

L'épithète française et l'épithète latine sont justifiées par la couleur du plumage de cet échassier ; il ne s'agit donc plus que de rechercher l'étymologie du mot *ciconia*, principe du nom français *cigogne*, qui autrefois s'écrivait *cigoigne* et *cignongne* et en Picard *chigogne*. Pour entrevoir d'une manière assez plausible la racine du mot *ciconia* qui semble se rattacher au sanscrit, il faut faire ressortir un caractère particulier à cet oiseau, caractère qui a frappé les naturalistes dans tous les siècles.

Pline, liv. X, chap. XXI, s'exprime ainsi : « *Sunt qui ciconiis non esse linguas confirment*, il se trouve des gens qui affirment que les cigognes n'ont pas de langue. » Belon énonce la même idée mais d'une manière différente : « Par quoi le bruit qu'elles font, est un son que font les maschouëres se donnâts les unes contre les autres et no pas voix venâts des poulmos. » (Liv. IV, page 202.)

Quoique la cigogne n'ait pas de voix, ni de cri proprement dit, elle fait entendre un son tout particulier, que Juvénal, sat. I, v. 11, a indiqué, mais d'une manière incomplète : « *Quæque salutato crepitat Concordia nido,* la Concorde dont le sanctuaire retentit des cris de la cigogne, quand elle salue son nid au retour du printemps. » Voici le moyen que cet oiseau prend pour produire le cri indiqué par Juvénal et par Belon ; il frappe les mandibules de son bec l'une contre l'autre et fait entendre un claquement assez bizarre en renversant en même temps le cou en arrière, de manière que la mandibule inférieure se trouve en haut, et à mesure que la cigogne redresse le cou, le claquement se ralentit pour finir quand la tête a repris sa position naturelle. Ce procédé très-bizarre, ce cri tout exceptionnel ont dû frapper les premiers naturalistes qui ont étudié les habitudes de la cigogne et les déterminer à donner à cet oiseau un nom rappelant cette particularité exceptionnelle. C'est ainsi que les Arabes lui ont donné le nom *lak lak*, onomatopée exacte du cri de la cigogne. « D'après cela, dit Adolphe Pictet (*Aryas Primitifs,* Ier vol., pag. 492), je vois dans *ciconia* un composé de l'interrogatif sanscrit *ki* ou *kim*, c'est-à-dire, *quam parum*, *combien peu* et de la racine *kan* ou *kvan*, sonare, sonner. Le mot latin *ciconia* serait ainsi synonyme du sanscrit *kinkani*, de kim-kan, « clochette,» *quam parum sonans*, « combien peu elle sonne. » Ainsi selon l'opinion d'Adolphe Pictet, l'expression *ciconia* aurait été donnée à la cigogne pour faire connaître que cet oiseau n'a d'autre voix qu'un son semblable à celui d'une petite clochette ou mieux encore à celle des *castagnettes*.

La cigogne blanche est d'un caractère doux, sociable ; elle ne fuit pas le voisinage de l'homme ; elle vit de souris, de rats, de batraciens, de couleuvres, d'anguilles, etc. ; elle s'apprivoise très-facilement dans les jardins et dans les parcs, où elle se nourrit d'insectes et de vers de toute espèce ; comme la grue, elle se tient souvent immobile, appuyée sur une seule patte et conserve cette position pendant des heures entières. En liberté, la cigogne recherche les bords des rivières et les lieux marécageux. Elle fixe son nid composé de bûchettes et d'herbes sèches dans les endroits élevés, quelquefois dans les marais, souvent sur les toits des maisons, ou sur le haut des cheminées. Elle se reproduit en grand nombre dans les vastes marais de la Hollande et sur les bords du Rhin. « En Alsace, les habitants lui préparent une aire ; c'est une vieille roue de voiture portée à plat par le trou du moyeu au haut d'un long mât. Les Hollandais disposent des caisses sur le toit des maisons, et eux si propres, si jaloux de la netteté extérieure de leurs édifices, ne refusent jamais à la cigogne la libre disposition du toit qu'elle a choisi pour établir son nid, malgré les inconvénients qui en peuvent résulter. » (*Magasin Pittoresque*, année 1834.) Dans ces pays elle rend de véritables services en détruisant les reptiles et les petits rongeurs qui y pullulent ; aussi est-elle sous la protection des lois et des habitants. Pline (liv. X., ch. XXXI,) dit qu'en Thessalie celui qui tuait une cigogne était puni de mort ; cette loi sévère était justifiée par les véritables services que rendait cet oiseau en *purgeant* le pays de serpents dangereux. C'est le même motif qui privait les gastronomes romains de pouvoir faire figurer c et échassier sur leurs tables, où ils se plaisaient à étaler toutes les différentes espèces d'oiseaux.

Les cigognes reviennent constamment aux mêmes nids, elles s'y installent s'ils sont conservés, les rétablissent s'ils sont défaits. C'est à cette habitude que Juvénal fait allusion. Dans sa *Satire* Ire, v. 11, il affirme que chaque année une cigogne venait se fixer dans un nid posé sur le haut du temple de la Concorde à Rome. Ce nid est pour les cigognes un asile sacré, et lorsqu'elles s'en éloignent pour aller visiter d'autres climats, elles font, en passant devant le berceau de leurs jeunes familles, entendre le claquement des mandibules de leur bec, seul bruit qui puisse prouver leurs sentiments. Les nids contiennent ordinairement de trois à quatre œufs d'un blanc légèrement grisâtre et sans taches. Le grand diamètre est de $0^m,082$ à $0^m,086$, et le petit, de $0^m,056$ à $0^m,06$.

Le père et la mère élèvent leurs petits avec une sollicitude et une tendresse admirables ; aucun danger, aucune crainte ne peut les éloigner de leur couvée. Les *Annales bataves* de l'année 1536 rapportent qu'une cigogne de Delft, qui, dans l'incendie de cette ville, avait inutilement essayé d'enlever ses petits, aima mieux se laisser brûler avec eux que de s'en séparer. M. Bory Saint-Vincent a cité un exemple vraiment étonnant de cette persistance de l'amour maternel chez la cigogne : « Peu de temps après la bataille de

Friedland, le feu, mis par des obus, se communiqua à un vieil arbre sur lequel une cigogne avait son nid et couvait alors ses œufs; elle ne les quitta que lorsque la flamme commença à s'approcher, et alors, voltigeant perpendiculairement au-dessus, elle semblait guetter l'instant de pouvoir enlever ses œufs au désastre qui les menaçait; plusieurs fois on la vit s'abattre sur le foyer comme pour combattre la flamme; enfin, surprise par la chaleur et la fumée, elle périt dans une dernière tentative.» (*Encyclopédie d'histoire naturelle* du Dr Chenu, vol. VI, p. 217.) « Lors de l'incendie de Kelbra, en Russie, on vit ces oiseaux ingénieux improviser un service de pompes et éteindre le feu. Le fait est affirmé par un auteur peu connu, il est vrai, mais qui a l'avantage de se nommer Okarius de Rudolstadt. » (Toussenel, *Ornithologie passionnelle*, vol. Ier, pag. 376.) Cette tendresse et cette sollicitude ne se bornent pas aux soins prodigués aux jeunes cigognes, elles s'étendent encore aux cigognes vieilles ou blessées et dès lors incapables de se procurer la nourriture qui leur est nécessaire. Toutes celles qui sont valides se disputent le soin de venir en aide à celles qui souffrent, et une nourriture abondante et choisie est fournie à ces dernières par la colonie toute entière dont elles font partie, et surtout par les descendants des infirmes. Aussi, dans les hiéroglyples, l'emblème de la cigogne signifiait-il « piété filiale et bienfaisance », et la loi grecque, qui faisait aux enfants une obligation de nourrir leurs parents vieux ou malades, était-elle désignée sous le nom de cet oiseau : « *Lex pelargonia,* » du mot grec PELARGOS signifiant « cigogne. » L'expression PELARGOS était très caractéristique; composée de PELOS « brun livide, noirâtre » et d'ARGOS « blanc », elle indiquait les deux couleurs qui se partagent les nuances du plumage de la cigogne, dont l'extrémité des ailes et de la queue est d'un brun noirâtre et le reste du plumage, d'un blanc uniforme. Voici comment Belon exprime cette croyance : « La cigogne a le bruit d'avoir enseigné que les enfants nourrissent les pères en vieillesse. » (Liv. IV, p. 201.)

Toussenel affirme « que la loi *Pelargonia* a passé aussi dans nos codes, mais qu'elle a oublié de passer dans nos mœurs. » (*Ornithologie passionnelle*, 1re partie, p. 375.) Reproche bien cruel et cependant trop vrai et qu'Aristophane adressait déjà de son temps aux fils oublieux de leurs devoirs envers les auteurs de leurs jours.

La cigogne blanche aime les climats tempérés ; aussi passe-t-elle l'hiver en Afrique pour quitter cette contrée quand les grandes chaleurs y exercent leur influence tropicale. Shaw prétend qu'avant d'entreprendre leur voyage d'émigration, les cigognes se réunissent en très-grand nombre pour tenir conseil ; c'est une Conférence, mais qui aboutit à des résolutions pratiques ! Voici le passage de cet auteur : « On remarque que les cigognes, avant de passer dans un autre pays, s'assemblent quinze jours auparavant, de tous les cantons voisins, dans une plaine, y forment une fois par jour une espèce de *divan*, selon l'expression du pays, comme pour fixer le temps précis de leur départ et le lieu où elles se retirent. » (Tome II, p. 167.) D'après Pline, les cigognes auraient l'habitude de mettre en pièces celle qui arrivait la dernière au rendez-vous. Grand Dieu ! si un pareil système était suivi à l'égard des membres de nos assemblées délibérantes, ne serait-il pas à craindre que bientôt la salle ne fût entièrement vide et que le combat ne cessât faute de combattants ! Selon le même auteur, le lieu où ces oiseaux se réunissaient en Asie était appelé *la plage aux serpents* (liv. X, chap. XXXI). Malgré le très-grand nombre de cigognes qui assistent à ces conférences, il paraît, chose très-édifiante et cependant peu pratiquée de nos jours, qu'elles s'entendent facilement sur les questions qui y sont posées. Je cite encore un passage du docteur Shaw qui fera comprendre combien est incalculable le nombre des cigognes composant les bandes qui émigrent : « Vers le milieu d'avril 1722, notre vaisseau était à l'ancre sous le mont Carmel, je vis trois vols de cigognes dont chacun fut plus de trois heures à passer et s'étendait plus d'un demi-mille en largeur. » (Tome II, p. 167.)

Les cigognes ont un vol soutenu, et dès lors elles effectuent des voyages très-longs sans être obligées de se reposer.

La mythologie prétendait qu'Antigone fut changée en cigogne. Voici sur ce sujet le texte de Belon (liv. IV, p. 201) : « Les poètes feignent que Antigone, sœur de Priam, devint si glorieuse pour sa beaulté, qu'elle osa se comparer à Juno. De quoy icelle déesse estant moult courroussée, la convertit en cigogne. »

CIGOGNE NOIRE. — CICONIA NIGRA.

Je n'ai que quelques lignes à consacrer à la cigogne noire : les épithètes qui servent à la distinguer de sa congénère s'expliquent d'elles-mêmes ; elles indiquent quelle est la différence caractéristique qui sépare ces deux espèces. Ma tâche étymologique est donc cette fois bien simple ; malheureusement il n'en est pas toujours ainsi. Cependant l'épithète *noire* ne doit pas être prise dans son acception ordinaire ; cette dénomination n'est vraie que par opposition aux couleurs de la cigogne blanche. Les nuances du plumage de la cigogne noire sont d'un brun mêlé de reflets violets et verts. Cet échassier est beaucoup moins répandu en Europe que le précédent ; il apparaît rarement dans notre Anjou ; il habite surtout le nord de l'Allemagne et les vastes marais de la Lithuanie ; on le trouve aussi en assez grand nombre en Suisse, dans certaines parties des Alpes françaises et en Italie. Dans ces contrées, il remplace la cigogne blanche, qui y est en petite quantité. D'un caractère beaucoup plus farouche que sa congénère, la cigogne noire se laisse difficilement approcher ; elle se tient ordinairement dans les lieux marécageux, où elle se nourrit de batraciens, de reptiles, et surtout de poissons. Elle confie son nid, composé de bûchettes et d'herbes desséchées, aux pins et aux sapins des vastes forêts. Ce nid contient de deux à trois œufs d'un blanc légèrement sale et sans taches. Leur grand diamètre varie de $0^{m},076$ à $0^{m},078$, et le petit, de $0^{m},052$ à $0^{m},054$. Ces dimensions indiquent que la cigogne noire est plus petite que la blanche ; la différence entre la taille des deux espèces est de quinze à vingt centimètres.

LA SPAUTLE BLANCHE. — PLATALEA LEUCORODIA.

Cet échassier visite régulièrement l'Anjou, et quelquefois il manifeste sa présence en bandes nombreuses ; son nom français *spatule* dérive du latin *spatula*, qui est lui-même un diminutif du grec SPATHÊ, « épée large » dont la racine probable est SPAÔ, signifiant « arracher, tirer, tirailler, » etc. La spatule dont on se sert en chirurgie est un instrument rond par un bout et plat par l'autre, qui a une ressemblance assez frappante avec la forme du bec de l'oiseau que je décris, ressemblance qui lui a fait donner le nom vulgaire sous lequel il a toujours été désigné. L'épithète *blanche* indique la couleur générale du plumage de la spatule, qui est d'un beau blanc, à l'exception toutefois de la poitrine, où se déroule chez les adultes un large plastron d'un jaune roussâtre. Cette particularité assez significative m'avait fait supposer pendant assez longtemps que la dénomination *leucorodia* pourrait être formée de LEUKOS, « blanc, » et de RODÉIOS, « couleur de rose, » et rappeler ainsi la teinte du large plastron de la spatule ; mais j'ai dû abandonner cette hypothèse, dès lors que les anciens auteurs affirment que la spatule était appelée en grec LEUKOS ÉRÔDIOS, « blanc héron ou héron blanc, » étymologie qui me sourit beaucoup moins que celle que j'avais avancée, car elle ne peut caractériser d'aucune manière l'échassier que nous étudions. Elle ne peut lui convenir que parce que la spatule se rapporte aux hérons par sa forme, par la hauteur de ses tarses, enfin par sa huppe. Cette huppe étant blanche, tandis que celle des hérons est ordinairement noire ou grise, pourrait alors justifier l'épithète donnée à la spatule. Quant au mot *platalea* ou *platea*, il dérive du grec PLATUS, ÉIA, « large, exposé à tous les yeux, » d'où est venu *platea*, « place publique, forum ». D'après Belon, on donnait à la spatule le nom de *cueillier*, et même celui de *pale*, formé de *pala*, signifiant pelle, et même l'extrémité d'une rame. Il est de toute évidence que ces différentes dénominations avaient pour but de désigner la spatule par une expression représentant la forme si bizarre, du moins en apparence, du bec de cet échassier. La spatule, comme tous les autres oiseaux, a reçu de Dieu une mission à remplir, et dès lors cet échassier a dû être constitué dans les conditions nécessaires pour accomplir cette mission. La spatule fréquente les bords des mers et ceux des grands fleuves ; là elle vit de petits poissons, d'insectes, de vers aquatiques et de petits coquillages ; la forme de son bec ne lui permet pas de manger une proie considérable ; elle ne pique pas, elle écrase plutôt tout ce qui lui sert de nourriture ; elle purge les bords de la mer et des fleuves, d'une multitude de vers et de petits insectes qui pullulent par myriades, et qui échappent au bec acéré des autres échassiers. La spatule fait avec son bec le même bruit que la cigogne ; sa langue est très-petite, et elle est condamnée aussi à un mutisme complet. Cet échassier est d'une grande douceur et d'une excessive timidité ; il aime la société de ses congénères et forme avec eux des bandes considérables. La spatule niche sur les arbres, sur les joncs et sur les buissons. Son nid, formé de petites baguettes et d'herbes marécageuses, contient trois ou quatre œufs oblongs, blancs ou bleuâtres, quelquefois sans taches, mais le plus souvent parsemés de taches roussâtres qui semblent presque effacées. Le grand diamètre varie de $0^{m},064$ à $0^{m},066$, et le petit, de $0^{m},044$ à $0^{m},046$.

Cet oiseau se reproduit en grande quantité sur les bords de la mer Noire et dans les marais de la Hollande et de l'Angleterre. Plusieurs fois, j'ai vu des troupes assez nombreuses de spatules parcourir les contours de la petite île du Mé, non loin du Croisic, et saisir avec adresse et avec rapidité les débris de mollusques et de poissons cartilagineux que la mer avait rejetés sur le rivage. Entre les deux extrémités larges et arrondies de leur long bec, les spatules semblaient broyer leur proie avec la même puissance que le fer des coiffeurs ou de ceux qui font les *gaufres*, saisit et presse les objets qu'il écrase. Pendant que les spatules se livraient à leur mastication, l'une d'elles, placée en sentinelle sur une hauteur, veillait au salut commun, et dès que j'approchais à deux ou trois cents mètres de la troupe, la vedette faisait craquer son bec, et toute la bande s'envolait pour aller se reposer beaucoup plus loin.

Angers. — Imp. P. Lachèse, Belleuvre & Dolbeau. — 1869.

www.ingramcontent.com/pod-product-compliance
Lightning Source LLC
LaVergne TN
LVHW020450230826
846091LV00004B/1636